贵州省采矿工程特色专业项目(黔教高发[2012]426号)
采矿工程专业综合改革试点项目(黔教高发[2013]446号)

# 采矿工程毕业设计指导

主　编　刘洪洋　艾德春　杨军伟

中国矿业大学出版社

## 内 容 简 介

本书是在作者多年教学工作基础上，并参考全国各煤炭高校的设计指导经验编写而成的，内容符合《煤炭工业矿井设计规范》、《煤矿安全规程》等行业规范、标准的要求，内容包含采矿工程专业毕业设计的绝大部分内容。全书内容丰富、层次清晰、论述有据，实践性和可操作性强。

本书可供采矿工程专业本科生作为教材使用，也可供从事相关设计的人员参考。

**图书在版编目(CIP)数据**

采矿工程毕业设计指导/刘洪洋，艾德春，杨军伟主编. —徐州：中国矿业大学出版社，2017.4

ISBN 978-7-5646-3521-3

Ⅰ.①采… Ⅱ.①刘… ②艾… ③杨… Ⅲ.①矿山开采—毕业实践—高等学校—教材 Ⅳ.①TD8

中国版本图书馆 CIP 数据核字(2017)第 080699 号

**书　　名** 采矿工程毕业设计指导

**主　　编** 刘洪洋　艾德春　杨军伟

**责任编辑** 王美柱

**出版发行** 中国矿业大学出版社有限责任公司

（江苏省徐州市解放南路　邮编 221008）

**营销热线** (0516)83885307　83884995

**出版服务** (0516)83885767　83884920

**网　　址** http://www.cumtp.com　**E-mail**:cumtpvip@cumtp.com

**印　　刷** 江苏淮阴新华印刷厂

**开　　本** 787×1092　1/16　**印张** 7.75　**字数** 193 千字

**版次印次** 2017 年 4 月第 1 版　2017 年 4 月第 1 次印刷

**定　　价** 18.80 元

（图书出现印装质量问题，本社负责调换）

# 前 言

毕业设计是本科阶段最后一个教学环节，也是学生最重要的实践环节之一。通过毕业设计，使学生对所学的基础理论知识和专业理论知识进行一次系统的总结，并结合实际条件加以综合运用，以巩固和扩展学生所学的知识，巩固和发展学生的运算和绘图的工程技能，培养和提高学生分析和解决实际问题的能力和素质，丰富学生的生产实际知识，进一步培养和锻炼学生理论联系实际、尊重科学和实践的良好思想作风。

采矿工程毕业设计是按实习矿井的地质条件，或其他不同地区、不同条件下的矿井地质条件，进行一个新建矿井的初步设计，完成毕业设计大纲规定的全部工作量。学生进行毕业设计的原始条件不同，内容众多，涉及面广，需要考虑的问题很多。因此，学生进行毕业设计时，除了参阅相关的教材(例如《采矿学》、《井巷工程》)外，还需要参考大量的资料，例如《煤炭工业矿井设计规范》、《煤矿安全规程》、《综采综掘高档普采设备选型配套图集》、《煤炭矿井制图标准》等，资料比较分散。

编写本书的目的是为了指导学生在毕业设计时，理清设计思路，正确分析、思考设计中涉及的问题，正确选择技术参数和作出技术决定，使设计能够保证安全生产和尽可能采用最先进的技术，并做到合理可行。书中内容包含毕业设计的绝大部分内容，可以大大减少学生查找资料的时间。由于此书是供采矿工程专业毕业设计使用，因此，书中内容较煤炭企事业单位实际的使用内容有所简化。

本书是在作者多年教学工作基础上，并参考全国各煤炭高校的设计指导经验编写的，内容符合《煤炭工业矿井设计规范》、《煤矿安全规程》等行业规范、标准的要求。内容上的详略安排根据毕业设计各章节的重要性进行调整，在第2章保护煤柱留设、第4章井田开拓方案比较等设计当中比较困难的环节，均有相关的案例供学生参考。

本书在编写过程中得到了六盘水师范学院陈才贤副教授、张鹏副教授、谢小平实验员、梁华杰讲师、李志刚讲师、刘建刚讲师等各位同仁的支持和帮助，还得到了中国矿业大学张农教授、郑西贵教授的指导和帮助。在此，笔者表示诚挚的感谢！

书中还引用了一些文献资料，未能完全标出，在此一并表示诚挚的感谢和歉意。

由于编写的时间仓促及编者水平所限，书中难免存在疏漏和缺点，恳请同行和读者批评指正。

编　者

2017 年 2 月

# 目 录

1 矿区概况及井田地质特征 …… 1
1.1 矿区概述 …… 1
1.2 井田地质特征 …… 1
1.3 煤层特征 …… 2

2 井田境界和储量 …… 3
2.1 井田境界 …… 3
2.2 储量计算 …… 4
2.3 保护煤柱留设的原则及方法 …… 5
2.4 保护煤柱留设示例 …… 11

3 矿井设计生产能力和服务年限 …… 24
3.1 矿井设计生产能力 …… 24
3.2 矿井设计服务年限 …… 25

4 井田开拓 …… 26
4.1 井田开拓的基本问题 …… 26
4.2 方案比较法 …… 30
4.3 矿井开拓设计方案比较内容 …… 35
4.4 矿井开拓设计方案比较示例 …… 38

5 矿井准备方式 …… 45
5.1 准备方式概述 …… 45
5.2 准备巷道布置方案分析 …… 46
5.3 采区主要参数 …… 50

6 采煤方法 …… 55
6.1 采煤方法的选择 …… 55
6.2 回采工艺的确定 …… 56
6.3 工作面设备选型 …… 59

6.4 编制循环图表及劳动组织…… 85

**7 矿井通风与安全**…… 87
7.1 矿井通风系统的确定…… 87
7.2 局部通风设计…… 90
7.3 矿井风量计算及风量分配…… 94
7.4 矿井通风阻力计算…… 98
7.5 主要通风机选型…… 99
7.6 特殊灾害的预防措施…… 103

**8 毕业设计图纸制图标准**…… 104
8.1 毕业设计图纸技术标准…… 104
8.2 图纸幅面…… 106
8.3 比例…… 107
8.4 字体及符号…… 108
8.5 字母代号…… 109
8.6 图线及画法…… 110
8.7 剖面(断面)线的画法…… 111
8.8 尺寸注法…… 112
8.9 平面直角坐标点的注法…… 113
8.10 图例…… 113

**参考文献**…… 115

# 1 矿区概况及井田地质特征

本章内容是后述各章的设计基础，主要是以实习矿井收集到的矿井地质报告书和开采后补充地质资料为基础，根据指导教师所给的设计题目及设计条件，有详有略、有目的性地归纳整理后进行编写。叙述文字力求简要明了，可尽量采用图表形式进行描述。

## 1.1 矿区概述

本节应说明矿区的地理位置、地形特征、交通情况、地面水源、气候条件、工农业发展情况等条件，并绘制必要的示意图，具体如下：

(1) 简述矿区行政区划、地理位置(经纬度可省去)、交通情况，地形地貌等主要地理特征。

(2) 简述矿区气候条件：气温(最高、最低、平均)、降水量(雨和雪的最大、最小、年降水量)、风情、冻结期等。

(3) 略述水文情况：矿区主要河流、湖泊的位置、流量、历年的最高洪水位、工业和居民用水的水源及供应情况。

(4) 简述矿区内地方小矿及小窑的分布及开采情况。

(5) 简述矿区及附近的工农业和其他企业情况，建材和电力供应条件。

(6) 插图：矿区交通位置图。尽量用实习矿井收集到的交通位置图，不一定按比例绘制，只需说明矿区位置与其他交通枢纽或主要城市的关系(铁路、公路及公里数)。

## 1.2 井田地质特征

本节应文字说明井田的勘探程度，综述井田地质构造及分布、井田水文地质情况，具体如下：

(1) 简述矿区所属煤田的区域地质情况，也可用小插图简介。

(2) 介绍煤系地层及勘探程度：以综合柱状图说明为主、文字叙述为辅。

(3) 介绍井田主要地质构造(断层、褶曲、陷落柱岩浆侵入等)。

(4) 简述井田水文地质特征：潜水位、含水层情况。岩层渗透性及渗透系数，矿井涌水量(正常和最大)、老窑积水、补给水来源、矿井水质及腐蚀性、邻近矿井的水情(摘其有关的)、涌水时对开采的影响。

绘制综合地质柱状图时，由于该图比较长，可按设计要求条件取可采煤层上下主要部分绘制，缩短其长度。可采煤层部分应详细按比例绘制，岩层按统一符号绘制，为今后设计提供准确资料。

矿井地层一览表格式见表 1-1。

表 1-1　　　　矿井地层一览表

| 地质年代(地层单位) | 岩层总厚度/m | 岩层组成及特征 | 含煤层数及厚度/m | 备注 |
|---|---|---|---|---|
| 代　纪　世 | | | | |
| | | | | |
| | | | | |
| | | | | |

主要断层一览表格式见表 1-2。

表 1-2　　　　矿井主要断层一览表

| 序号 | 名称 | 性质 | 断层面走向 | 断层面倾向 | 倾角/(°) | 落差/m | 水平断距/m | 其他 |
|---|---|---|---|---|---|---|---|---|
| | | | | | | | | |
| | | | | | | | | |

## 1.3 煤层特征

这一部分是重点描述的内容，应比较详细地叙述，主要参数不要漏掉，具体内容如下：

(1) 煤层埋藏条件及有关参数：煤层走向及变化、倾角倾向及变化、煤层厚度及变化(厚度变异系数)、层间距、可采性指数，夹矸情况，有无陷落柱及变质带等。

(2) 煤层围岩的特征：即煤层顶底板情况。主要有岩石类别、岩性、各种顶底板的厚度、坚固性、层理、节理、裂隙发育情况等。

(3) 煤层的其他特征：主要应描述物理机械性能、主要煤质指标等，应根据设计需要有选择地加以描述。

(4) 煤层瓦斯、自燃性、煤尘爆炸性及地温地热、突出性等特性。这部分内容与开采设计和安全生产有较密切的联系，其参数值往往是重要的设计依据，不能忽略。

煤层特征表格式见表 1-3。

表 1-3　　　　可采煤层特征表

| 序号 | 煤层编号 | 煤层厚度/m | | 层间距/m | 煤层结构及稳定性 | 煤层坚固性系数 | 煤层密度/(t/m$^3$) | 煤层倾角/(°) | 煤层牌号 | 顶底板岩性 | | 备注 |
|---|---|---|---|---|---|---|---|---|---|---|---|---|
| | | 最小～最大<br>平均 | 可采厚度 | | | | | | | 顶板 | 底板 | |
| | | | | | | | | | | | | |
| | | | | | | | | | | | | |
| | | | | | | | | | | | | |

收集的矿井资料中要包括主采煤层底板等高线图，如果没有，则要根据钻孔参数绘制，以备矿井开拓设计时使用。底板等高线图上应绘制坐标网格，标有坐标。该图比例一般为 1∶5 000 或 1∶10 000；如果矿区较小，也可使用 1∶2 000。

# 2 井田境界和储量

本章主要设计内容是井田划分和储量计算，这是矿井设计的基础，要掌握井田划分的原则和储量计算的方法，以及煤柱留设的原则和方法，为下一步设计奠定好基础。

## 2.1 井 田 境 界

井田境界的划分，一般是在矿区总体设计时进行，毕业设计是对矿井初步设计的主要部分的模拟，故本章的设计内容和方法主要是以使一个设计矿井取得较合理的开采技术条件为目的来进行的。

(1) 以自然条件划分境界

利用较大的地质构造作为井田边界，例如大断层、褶曲、岩浆侵入带等。

按地形地貌界线划分井田境界：常见的有河流、湖泊、水库、铁路、大城镇或重要保护建筑等。

按煤层赋存情况来划分井田边界：主要从赋存形态（深部、浅部，构造形态等），储量分布、煤质煤种要求，安全及环境条件（高瓦斯、地温、地热等）等角度。

(2) 人为划分境界

当井田不受或只有局部受自然条件限制时，井田边界的确定有较大的选择余地。这时，一般应从煤层的生产能力出发，确定合理的采煤方法，再据以确定恰当的井型和合理的服务年限，计算必需的储量，根据勘探报告提供的勘探深度，在考虑较合理的井筒位置和阶段划分的前提下，对照《煤炭工业矿井设计规范》有关规定，最后确定井田的走向边界。

可见，人为划定井田边界牵涉较多的设计参数，确定边界的过程可能要经过不止一次的反复，才能划定合理的边界。毕业设计时，不必把这一过程做得过细，有时也可以预先估计一个井型，然后再结合其他因素迅速地划出来。

人为划分境界应当以保证开采工作的方便为原则。一般情况下，沿煤田走向划分，以倾斜为界。沿煤田倾斜划分时，以煤层底板等高线（单煤层）或水平标高（煤层群）为界。具体的人为划分境界有垂直划分法、水平划分法、倾斜划分法，如图 2-1 至图 2-3 所示。

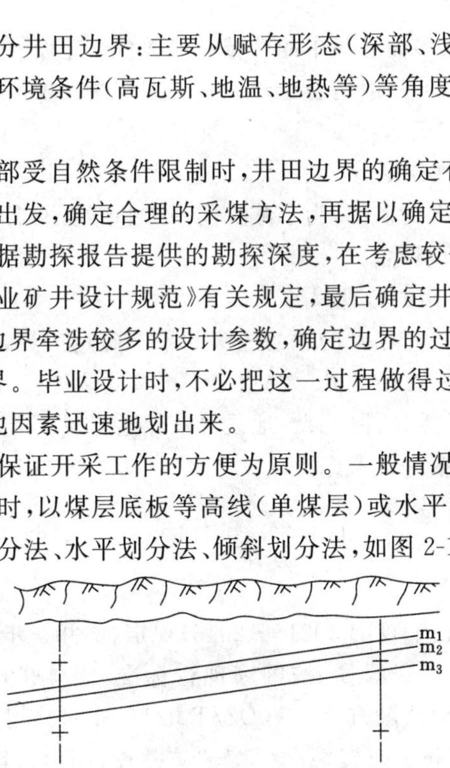


图 2-1 垂直划分井田

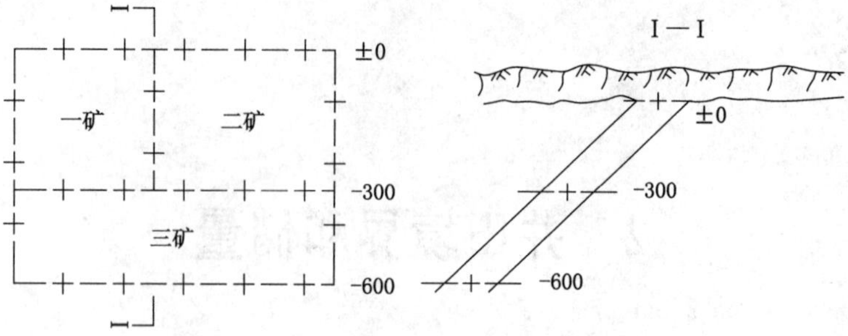


图 2-2　水平划分井田

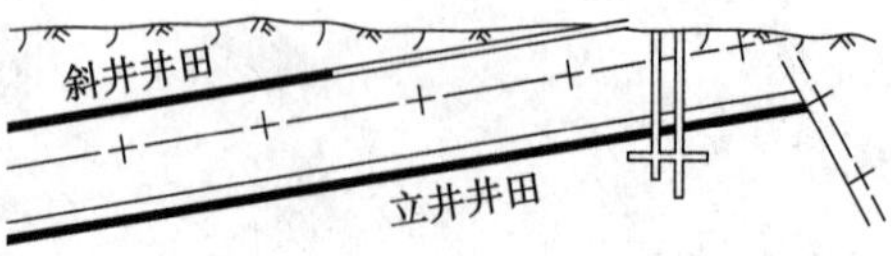


图 2-3　倾斜划分井田

垂直划分法一般适用于缓倾斜煤层；

水平划分法一般适用于急倾斜煤层；

倾斜划分法适用于煤层群煤组间距较大、无采动影响的煤层，只在个别矿区采用。

(3) 其他划分方法

① 按储量分布情况划分

煤层生产能力高、储量多而且集中的区域一般适合于建设大型或特大型矿井，煤层生产能力低、储量少而分散的区域一般适合于建设中小型矿井。根据储量的分布情况，即可考虑井田的划分。

② 按煤质、煤种分布规律划分

在煤质及煤种变化较大的矿区，为了减少同一矿井煤质及煤种的类别，应尽量考虑利用煤质、煤种分界线作为井田境界。

③ 数学分析法确定井田的合理尺寸

此法是以生产建设和生产经营的总的经济效果来确定边界，毕业设计一般不要求用此法，如设计条件及时间允许，在指导教师的指导下可按此法进行。

除此之外，矿区开采技术条件(瓦斯、地温等)、伴生有益矿产富集带的分布等特征，也可以作为划分井田的一些因素加以考虑。

## 2.2　储量计算

《煤炭工业矿井设计规范》(GB 50215—2015)规定，矿井初步设计应根据井田详查和勘探地质报告提供的“探明的”资源量，按国家现行标准《固体矿产资源/储量分类》(GB/T 17766—1999)及《煤、泥炭地质勘查规范》(DZ/T 0215—2002)划分矿井资源/储量类型，计算“矿井地质资源量”、“矿井工业资源/储量”、“矿井设计资源/储量”和“矿井设计可采储量”。划分矿井资源/储量类型及计算矿井资源/储量，应符合《煤炭工业矿井设计规范》附录A、附录B和附录C的规定。

计算矿井设计资源/储量时，应从工业资源/储量中减去断层、防水、井田境界、地面建(构)筑物等永久煤柱煤量及因法律、社会、环境保护等因素影响不得开采的煤柱煤量；计算设计可采储量时，应从设计资源/储量中减去工业场地、井筒、井下主要巷道等保护煤柱煤量，然后乘以采区回收率。

矿井采区的回收率，应符合下列规定：

(1) 特种和稀缺煤类

厚煤层不应小于78%，其中采用一次采全高的厚煤层不应小于83%；

中厚煤层不应小于83%；

薄煤层不应小于88%。

(2) 其他煤类

厚煤层不应小于75%，其中采用一次采全高的厚煤层不应小于80%；

中厚煤层不应小于80%；

薄煤层不应小于85%。

## 2.3　保护煤柱留设的原则及方法

### 2.3.1　保护煤柱留设原则

(1) 在一般情况下，保护煤柱应根据受护面积边界和移动角值进行圈定。移动角值按建筑物下列允许变形值确定：

倾斜：$i=\pm 3$ mm/m；

曲率：$K=\pm 0.2\times 10^{-3}$ $m^{-1}$；

水平变形：$\varepsilon=\pm 2$ mm/m。

(2) 地面受护面积包括受护对象及其周围的围护带宽度，可按表2-1确定。围护带宽度根据受护对象的保护等级而定，一般可按表2-2规定值选用。

表2-1　**建(构)筑物保护煤柱的围护带宽度**

| 建(构)筑物保护等级 | 围护带宽度/m | 建(构)筑物保护等级 | 围护带宽度/m |
|---|---|---|---|
| Ⅰ | 20 | Ⅲ | 10 |
| Ⅱ | 15 | Ⅳ | 5 |

表2-2　**矿区建(构)筑物保护等级划分**

| 保护等级 | 主要建(构)筑物 |
|---|---|
| Ⅰ | 国务院明令保护的文物和纪念性建筑物；一等火车站，发电厂主厂房，在同一跨度内有两台重型桥式吊车的大型厂房，平炉，水泥厂回转窑，大型选煤厂主厂房等特别重要或特别敏感的、采动后可能发生重大生产、伤亡事故的建(构)筑物；铸铁瓦斯管道干线，大、中型矿井主要通风机房，瓦斯抽放站，高速公路，机场跑道，高层住宅楼等 |

续表 2-2

| 保护等级 | 主要建(构)筑物 |
| --- | --- |
| Ⅱ | 高炉，焦化炉，220 kV 以上高压输电线路杆塔，矿区总变电站，立交桥；钢筋混凝土框架结构的工业厂房，设有桥式吊车的工业厂房，铁路煤仓、总机修厂等较重要的大型工业建(构)筑物；办公楼，医院，剧院，学校，百货大楼，二等火车站，长度大于 20 m 的二层楼房和三层以上多层住宅楼；输水管干线和铸铁瓦斯管道支线；架空索道，电视塔及其转播塔，一级公路 |
| Ⅲ | 无吊车设备的砖木结构工业厂房，三、四等火车站，砖木、砖混结构平房或变形缝区段小于 20 m 的两层楼房，村庄砖瓦民房；高压输电线路杆塔，钢瓦斯管道等 |
| Ⅳ | 农村木结构承重房屋，简易仓库等 |

注：凡未列入表内的建(构)筑物，可依据其重要性、用途等类比其等级归属。对于不易确定者，可组织专门论证，并报省、直辖市、自治区煤炭主管部门审定。

(3) 当受护建筑物和构筑物面积较小时，应酌情加大其保护煤柱尺寸，使建筑物受护面积内地表变形值叠加后不超过允许地表变形值。

(4) 当受护边界与煤层走向斜交时，应根据基岩移动角求得垂直于受护边界线方向(即伪倾斜方向)的上山方向移动角 $\gamma'$ 和下山方向移动角 $\beta'$。然后再确定保护煤柱。

$\gamma'$ 和 $\beta'$ 角值按式(2-1)计算：

$$\begin{cases} \cot\gamma' = \sqrt{\cot^2\gamma\cos^2\theta + \cot^2\delta\sin^2\theta} \\ \cot\beta' = \sqrt{\cot^2\beta\cos^2\theta + \cot^2\delta\sin^2\theta} \end{cases} \tag{2-1}$$

式中 $\theta$——受护边界与煤层倾向线之间所夹的锐角；

$\delta,\gamma,\beta$——分别为走向方向、上山方向和下山方向的基岩移动角。

(5) 受护对象的外侧边界，可以在平面图上通过受护对象角点作矩形，使矩形各边分别平行于煤层倾斜方向和走向方向，在矩形四周作围护带，或在平面图上作各边平行于受护对象总轮廓的多边形(或四边形)，在多边形(或四边形)各边外侧作围护带，该围护带外边界即为受护面积边界。

(6) 有滑坡危险的山区建筑物留设保护煤柱时，为了防止山体滑移，在建筑物上坡方向，移动角应减小 20°～25°，或者加大保护煤柱尺寸 $0.5r \sim 1.0r$($r$ 为主要影响半径)；在建筑物下坡方向，移动角应减小 5°～10°，或者加大保护煤柱尺寸 $0.2r \sim 0.5r$。

(7) 其下有落差大于 20～30 m 断层的建筑物留设保护煤柱时，应考虑沿断层面滑移的可能性，适当加大煤柱尺寸，使断层两翼均包括在保护煤柱范围之内，如图 2-4 所示。

(8) 立井保护煤柱应按其深度、用途、煤层赋存条件以及地形特点留设。立井深度大于或等于 400 m 时，以边界角圈定；小于 400 m 时，以移动角圈定；穿过急倾斜煤层时，在倾向剖面上以底板移动角圈定下山边界，在走向剖面上以移动角圈定。当穿过有滑移危险的软弱岩层、高角度断层和山区斜坡时，需考虑防滑煤柱和加大煤柱尺寸。

### 2.3.2 保护煤柱留设方法

对于必须留设保护煤柱的建筑物和构筑物，当其形状规整且长轴与煤层走向或倾向平行时，宜用垂直剖面法圈定保护边界；当保护对象形状复杂，且又与煤层走向斜交时，宜用垂线法圈定保护边界；同时应用上述两种方法确定保护煤柱边界时，其重叠部分为受护对象的

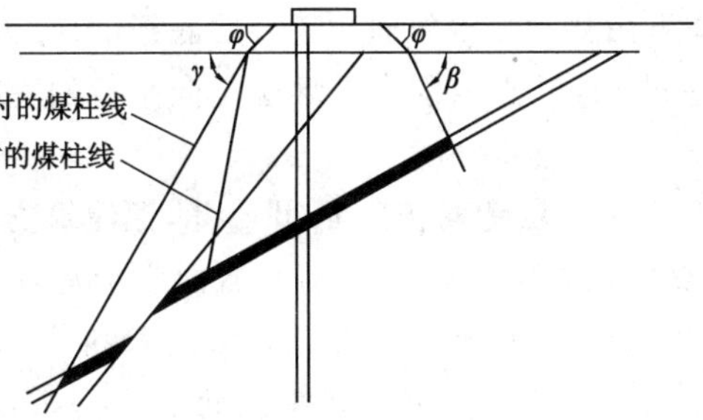


图 2-4 保护煤柱内有断层或立井穿过断层时保护煤柱留设方法

最合理保护煤柱；当圈定延伸形建筑物或基岩面标高变化较大情况下的保护煤柱时，宜用数字标高投影法。

煤层为向、背斜构造时，保护煤柱的留设方法一般用垂直剖面法，但保护边界的圈定要根据保护对象所在的构造位置和构造性质而定。

2.3.2.1 垂直剖面法

（1）确定受护边界

在平面图（图 2-5）上通过被保护对象轮廓的角点分别作平行于煤层走向和倾向的四条直线，得到矩形 $abdc$。再按保护等级留设围护带，得受护边界 $a'b'd'c'$。

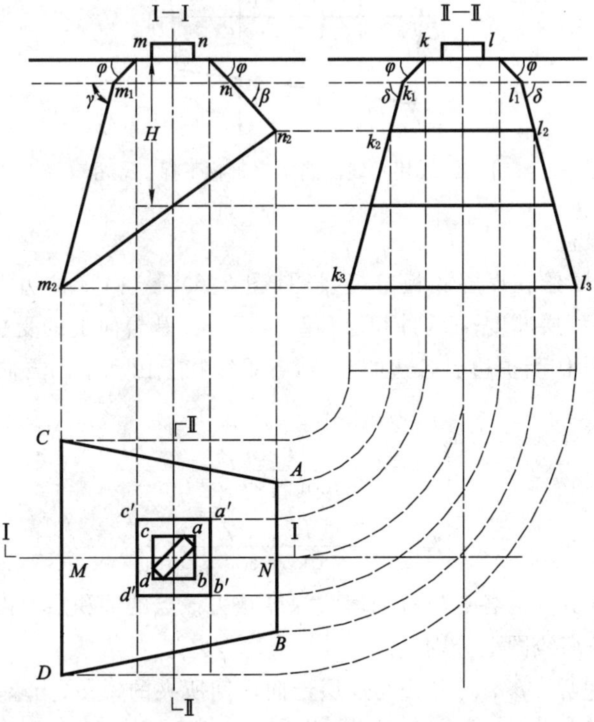


图 2-5 用垂直剖面法确定建筑物下保护煤柱

（2）确定保护煤柱

① 通过建筑物中心，沿煤层倾向作剖面Ⅰ—Ⅰ（图 2-5），把建筑物及围护带投影到剖面图上，由围护带边缘点 $m$，$n$ 作冲积层移动角 $\varphi$，与基岩面相交于 $m_1$，$n_1$ 点。然后由 $m_1$ 点作上

山移动角 $\gamma$，由 $n_1$ 点作下山移动角 $\beta$ 分别交于煤层底板的 $m_2$ 及 $n_2$ 点。再将 $m_2$，$n_2$ 点投到平面图上，得 $M$，$N$ 点，通过 $M$，$N$ 点分别作与煤层走向平行的直线，此即保护煤柱在下山方向和上山方向的边界线。

② 通过建筑物中心，沿煤层走向作剖面 Ⅱ—Ⅱ，把建筑物及围护带投影到剖面 Ⅱ—Ⅱ 上得 $k$，$l$ 两点。由 $k$，$l$ 点作表土层移动角 $\varphi$，与基岩面交于 $k_1$，$l_1$ 点。再由 $k_1$，$l_1$ 点作走向移动角 $\delta$ 分别交煤柱上边界线 $k_2$，$l_2$ 点和下边界线 $k_3$，$l_3$ 点。再将 $k_2$，$l_2$ 及 $k_3$，$l_3$ 点转投到平面图上，与由剖面 Ⅰ—Ⅰ 所确定的煤柱边界线投影相交于 $A$，$B$，$C$，$D$ 四点，$ABDC$ 即为所求的保护煤柱边界。

2.3.2.2 垂线法

(1) 确定受护边界

在平面图(图 2-6)上按保护对象的保护等级平行于保护对象的轮廓线留设围护带，可得受护边界 $abdc$。

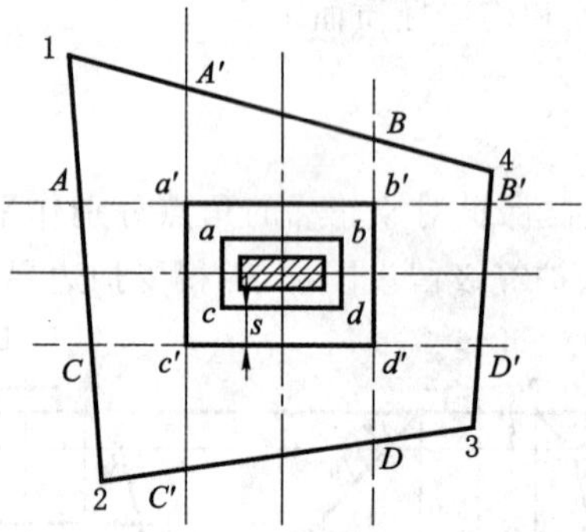


图 2-6 用垂线法确定建筑物下保护煤柱

(2) 确定保护煤柱

将受护边界 $abdc$ 绘在煤层底板等高线图(图 2-6)上，由受护边界向外量出距离 $s = h\cot\varphi$(式中，$h$ 为冲积层厚度；$\varphi$ 为冲积层移动角)，得在基岩面上的受护边界 $a'b'd'c'$。再从 $a'$，$b'$，$c'$，$d'$ 四点向外作受护边界各边的垂线，各垂线在上山和下山方向的长度 $q_i$ 和 $l_i$ 分别按式(2-2)计算：

$$\begin{cases} q_i = \dfrac{H_i \cot \beta_i'}{1 + \cot \beta_i' \cos \theta_i \tan \alpha} \\ l_i = \dfrac{H_i \cot \gamma_i'}{1 - \cot \gamma_i' \cos \theta_i \tan \alpha} \end{cases} \tag{2-2}$$

式中 $H_i$—— $a'$，$b'$，$c'$，$d'$ 各点位置的埋藏深度减去该点的冲积层厚度 $h$，此值可在煤层底板等高线图上分别确定；

$\theta_i$—— 受护边界 $a'b'd'c'$ 各边与煤层走向之间所夹的锐角；当求垂直于受护边界 $a'b'$ 的垂线长度时，$\theta_i$ 角为 $a'b'$ 与煤层走向线间所夹的锐角；当求垂直于受护边界 $b'd'$ 的垂线长度时，$\theta_i$ 角为 $b'd'$ 与煤层走向线间所夹的锐角；求其余各垂线长度确定 $\theta_i$ 角的方法同上；

$\beta_i'$，$\gamma_i'$—— 所作各垂线方向的下山和上山移动角，可根据 $\theta_i$ 角值按式(2-1)计算。

然后，按计算结果分别在各垂线上量取 $q_i$，$l_i$ 值，得 $A$，$A'$，$B$，$B'$，$C$，$C'$，$D$，$D'$ 各点，分别

连接 $A'B$,$AC$,$CD'$,$D'B'$ 各线,并使其延长相交于1,2,3,4四点,则1234即为所求保护煤柱边界。

在确定 $\theta$ 角值时,如果煤层走向变化较大,则应根据所求点,如图2-6中的 $A$,$A'$,$B$,$B'$… 各点附近的煤层走向线和受护边界线确定。

同时应用垂直剖面法和垂线法确定保护煤柱时,其重叠部分为受护对象的最合理保护煤柱,如图2-7中粗实线所示。

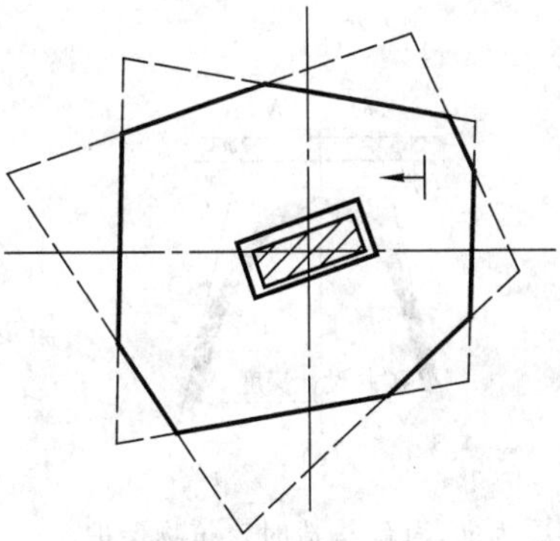

图2-7　合理保护煤柱留法图

2.3.2.3　煤层为向、背斜构造时建筑物保护煤柱的留设方法

(1) 建筑物位于向斜轴部上方时[图2-8(a)]保护煤柱边界的圈定

① 在煤层倾向剖面上由受护面积边界点 $M$,$N$,以 $\varphi$ 角作直线至基岩面 Ⅰ,Ⅰ 点。

② 在基岩内,由于向斜翼上煤层倾角的变化,在采用 $\beta=\delta-k\alpha$(式中,$\delta$ 为走向移动角,$\alpha$ 为煤层倾角,$k$ 为系数)确定保护煤柱上边界时,应选用不同的 $\beta$ 值。为计算方便,按倾角相差10°为间隔,用 $\alpha_{\text{Ⅰ}}$ 求出 $\beta_{\text{Ⅰ}}$,由 Ⅰ 点以 $\beta_{\text{Ⅰ}}$ 作直线交于 Ⅱ 点(Ⅱ 点处的煤层倾角 $\alpha_{\text{Ⅱ}}$,较 Ⅰ 点处 $\alpha_{\text{Ⅰ}}$ 相差10°)。

③ 用 $\alpha_{\text{Ⅱ}}$ 求出 $\beta_{\text{Ⅱ}}$,由 Ⅱ 点以 $\beta_{\text{Ⅱ}}$ 作直线至煤层底板 $m$,$n$ 点。如果在 Ⅱ 点至煤层之间,岩层的倾角仍变化很大,则仍按上述原则确定出点 Ⅲ,Ⅳ… 直至煤层底板。$m$,$n$ 即为倾向剖面上保护煤柱的边界点。

④ 煤层走向剖面保护煤柱边界的圈定方法是过向斜轴面与煤层交点 $O$ 处作走向剖面,以 $\varphi$,$\delta$ 角在松散层和基岩内作直线,得出保护煤柱的上、下边界。

(2) 建筑物位于向斜一翼上方时保护煤柱边界的圈定

当向斜构造煤岩层的倾角 $\alpha\leqslant 45°$ 时[图2-8(b)]:

① 在倾向剖面上,由 $M$ 点在冲积层内以 $\varphi$ 角作直线,在基岩内以 $\beta$ 角作直线与煤层底板相交得 $m$ 点,此点为保护煤柱上边界。

② 由 $N$ 点在冲积层内以 $\varphi$ 角作直线,在基岩内以 $\gamma$ 角作直线与煤层底板相交得 $n$ 点,此点为保护煤柱下边界。如果该直线与向斜轴面相交[如图2-8(b)中交点 $A$],则由交点以 $\beta$ 角作直线与煤层底板相交于 $n$ 点,此点即为保护煤柱下边界。

③ 在走向剖面上,保护煤柱边界圈定方法同前。

当向斜构造煤岩层的倾角 $\alpha>45°$ 时[图2-8(c)]:

① 在倾向剖面上,保护煤柱上边界仍采用 $\varphi$,$\beta$ 角圈定。

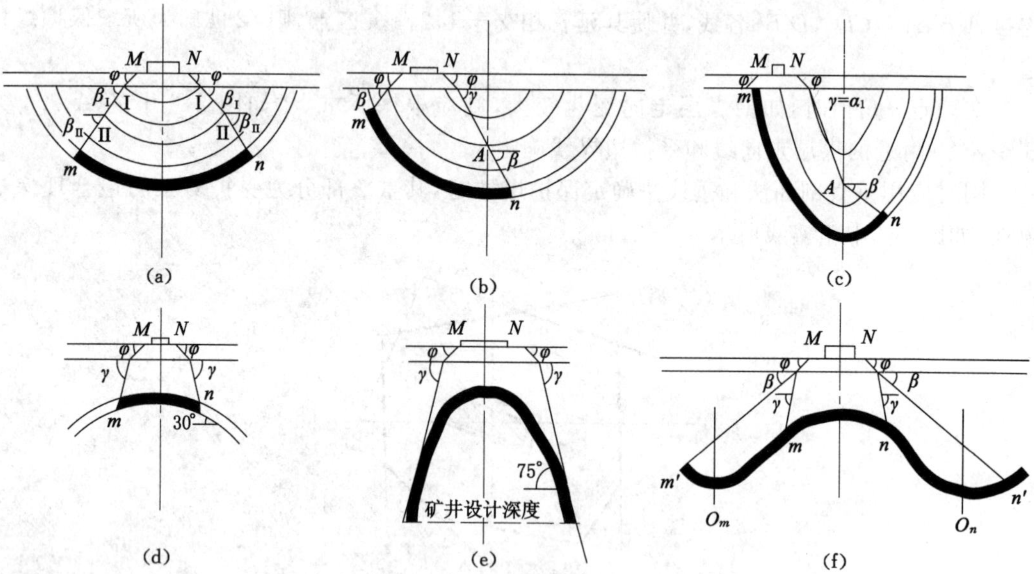


图 2-8 煤层为向、背斜构造时建筑物保护煤柱的留设方法

(a) 建筑物位于向斜轴部上方；(b) 建筑物位于向斜一翼上方($\alpha \leqslant 45°$)；
(c) 建筑物位于向斜一翼上方($\alpha > 45°$)；(d) 建筑物位于背斜轴部上方($\alpha \leqslant 55°$)；
(e) 建筑物位于背斜轴部上方($\alpha > 55°$)；(f) 背斜、向斜构造相连时

② 保护煤柱下边界圈定方法如图 2-8(c)所示，由 $N$ 点以 $\varphi$ 角在表土层内作直线至基岩面。若建筑物一翼的煤层平均倾角为 $\alpha_1$，则在基岩内以 $\alpha_1$ 角作直线至向斜轴面交于 $A$ 点。由 $A$ 点以 $\beta$ 角作直线与煤层底板相交于 $n$ 点，此点即为保护煤柱下边界。

③ 为了防止保护煤柱在大倾角条件下出现滑移现象，保护煤柱应具有一定的平面尺寸，要求自保护煤柱下边界($n$ 点)至向斜轴面的水平距离小于 $d$ 值。$d$ 值按式(2-3)计算：

$$d = H_{\mathrm{B}} \frac{(\sin \alpha_3 - \cos \alpha_2 \tan \rho')\cot \alpha_3}{2(\cos \alpha_2 \tan \rho' + \sin \alpha_2)} = KH_{\mathrm{B}} \tag{2-3}$$

式中 $\rho'$——软弱面(有时为岩层与煤层的接触面)上的内摩擦角，当无实测值时，取 $\rho'=13°$；

$\alpha_3$——煤层露头至 $\alpha=\rho'$ 的点其间煤层的平均倾角，(°)；

$\alpha_2$——向斜无建筑物一翼的煤层倾角，(°)；

$H_{\mathrm{B}}$——$\alpha=\rho'$ 点处的煤层埋藏深度，m；

$K$——系数，可按表 2-3 确定。

表 2-3 系数 $K$ 值(当 $\rho'=13°$时)

| $\alpha_2$/(°) | $\alpha_3$/(°) | | | | | | | |
|---|---|---|---|---|---|---|---|---|
| | 14 | 16 | 20 | 25 | 30 | 39 | 45 | 51 |
| 1 | 0.145 | 0.377 | 0.692 | 0.922 | 1.047 | 1.119 | 1.095 | 1.030 |
| 5 | 0.113 | 0.295 | 0.542 | 0.721 | 0.819 | 0.876 | 0.857 | 0.807 |
| 10 | 0.090 | 0.234 | 0.428 | 0.571 | 0.648 | 0.693 | 0.678 | 0.638 |
| 15 | 0.075 | 0.194 | 0.357 | 0.475 | 0.539 | 0.577 | 0.564 | 0.531 |

**续表 2-3**

| $\alpha_2/(°)$ | $\alpha_3/(°)$ | | | | | | | |
|---|---|---|---|---|---|---|---|---|
| | 14 | 16 | 20 | 25 | 30 | 39 | 45 | 51 |
| 25 | 0.057 | 0.148 | 0.272 | 0.362 | 0.411 | 0.440 | 0.430 | 0.405 |
| 35 | 0.047 | 0.123 | 0.225 | 0.300 | 0.341 | 0.364 | 0.357 | 0.335 |
| 45 | 0.041 | 0.108 | 0.197 | 0.263 | 0.299 | 0.319 | 0.321 | 0.294 |

(3) 建筑物位于背斜轴部上方时保护煤柱边界的圈定

背斜两翼煤层倾角 $\alpha \leqslant 55°$时[图 2-8(d)]：

① 在倾向剖面上，由受护面积边界以 $\varphi$ 角在冲积层内作直线，以 $\gamma$ 角在基岩内作直线，与煤层底板相交于 $m$，$n$ 点，此两点即为保护煤柱边界。

② 在走向剖面上，保护煤柱边界圈定方法同前。

背斜两翼煤层倾角 $\alpha > 55°$时[图 2-8(e)]：

① 在倾向剖面上，如果以 $\varphi$，$\gamma$ 所作直线不与煤层相交于下边界，则以矿井设计深度作为保护煤柱下边界。

② 在走向剖面上，保护煤柱边界圈定方法同前。

(4) 背斜、向斜构造相连时[图 2-8(f)]建筑物保护煤柱边界的圈定

① 在倾向剖面上，由受护面积边界以 $\varphi$ 角在表土层内作直线，以 $\gamma$ 角在基岩内作直线，与背斜部分煤层底板相交于 $m$，$n$ 点。再以 $\beta$ 角在基岩内作直线，与向斜部分煤层底板分别相交于 $m'$，$n'$ 点。若向斜轴面与煤层交点分别为 $O_m$ 和 $O_n$，则 $m'O_m$ 和 $n'O_n$ 为向斜部分的保护煤柱，$mn$ 为背斜部分的保护煤柱。

② 在走向剖面上，保护煤柱边界圈定方法同前。

# 2.4　保护煤柱留设示例

## 2.4.1　立井与工业广场保护煤柱的留设

### 2.4.1.1　立井井筒保护煤柱的留设

某矿立井井筒的地质条件及冲积层和基岩移动角值见表 2-4。保护煤柱边界的圈定如下(图 2-9)：

**表 2-4　　某矿立井井筒的地质条件及冲积层和基岩移动角值**

| 井筒垂深 $H$/m | 煤层厚度 $M$/m | 煤层倾角 $\alpha/(°)$ | $\varphi/(°)$ | $\gamma/(°)$ | $\beta/(°)$ | $\delta/(°)$ | 冲积层厚度 $h$/m |
|---|---|---|---|---|---|---|---|
| 300 | 2 | 20 | 45 | 70 | 60 | 70 | 20 |

(1) 通过立井井筒中心沿煤层倾向和走向分别作剖面Ⅰ—Ⅰ和Ⅱ—Ⅱ，按Ⅰ级保护建筑物在井筒周围留 20 m 宽的围护带，在剖面图上得 $m$，$n$ 及 $k$，$l$ 点。

(2) 根据冲积层和基岩的移动角值，绘出保护煤柱的边界线，在剖面Ⅰ—Ⅰ上得 $m_1$，$n_1$ 点，在剖面Ⅱ—Ⅱ上得 $k_1$，$l_1$点。

(3) 将 $m_1$，$n_1$，$k_1$，$l_1$ 各点投影到平面图上，得 $m_2$，$n_2$，$k_2$，$l_2$ 点。过 $m_2$，$n_2$ 点分别作走向平

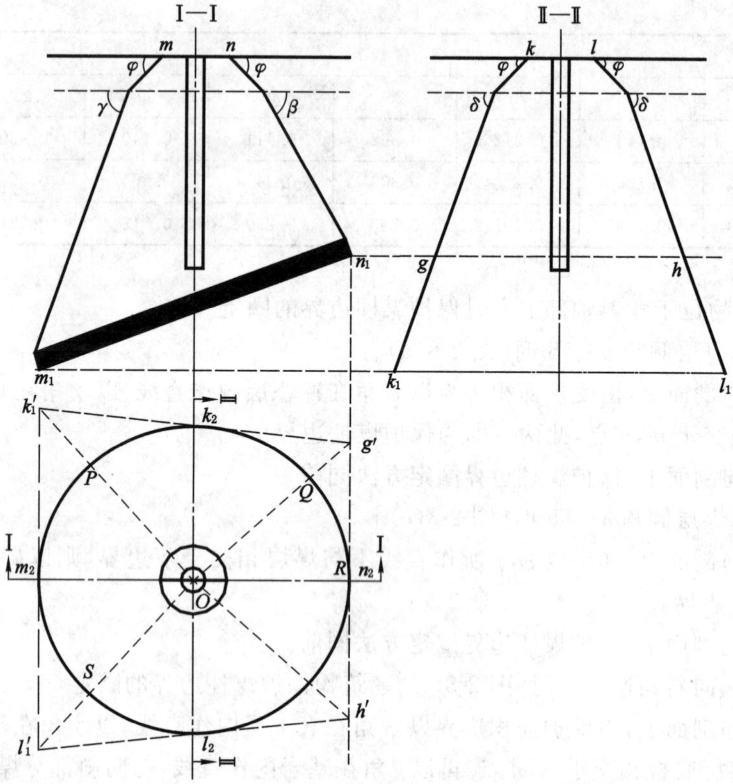


图 2-9　立井井筒保护煤柱的圈定

行线，并截取线段 $k_1'l_1'$ 和 $g'h'$ 分别等于 $k_1l_1$ 和 $gh$，得梯形 $k_1'l_1'h'g'$。连接对角线 $Ok_1'$，$Og'$，$Ol_1'$ 和 $Oh'$。

(4) 以井筒中心 $O$ 为原点，分别以 $Om_2$，$Ok_2$，$On_2$，$Ol_2$ 为半径画圆弧，并交于对角线上；在对角线上取两圆弧与之相交的中点，得 $P$，$Q$，$R$，$S$。

(5) 用圆滑曲线连接 $m_2$，$P$，$k_2$，$Q$，$n_2$，$R$，$l_2$，$S$ 各点，即为立井井筒保护煤柱的边界。

2.4.1.2　工业广场保护煤柱的设计

某矿工业场地需保护建筑物的轮廓为 $abcdef$（图 2-10）。该矿地质条件及冲积层和基岩移动角值见表 2-5。

表 2-5　**某矿地质条件及冲积层和基岩移动角值**

| 井筒垂深 $H$/m | 煤层倾角 $\alpha$/(°) | 煤层厚度 $M$/m | 冲积层厚度 $h$/m | $\varphi$/(°) | $\delta$/(°) | $\gamma$/(°) | $\beta$/(°) |
|---|---|---|---|---|---|---|---|
| 300 | 25 | 2 | 30 | 45 | 75 | 75 | 50 |

保护煤柱边界的圈定方法如下：

(1) 自建筑物轮廓外侧留 15 m 宽围护带，得受护面积边界 $a'b'c'd'e'f'$。

(2) 沿煤层倾向作剖面 Ⅰ—Ⅰ，Ⅱ—Ⅱ，并将工业场地的受护边界投影到剖面图上，得 $a'$，$f'$ 和 $b'$，$c'$ 点。

(3) 由 $a'$，$f'$ 和 $b'$，$c'$ 点以 $\varphi = 45°$ 作直线与基岩面相交。再由这四个交点分别作 $\beta$ 或 $\gamma$

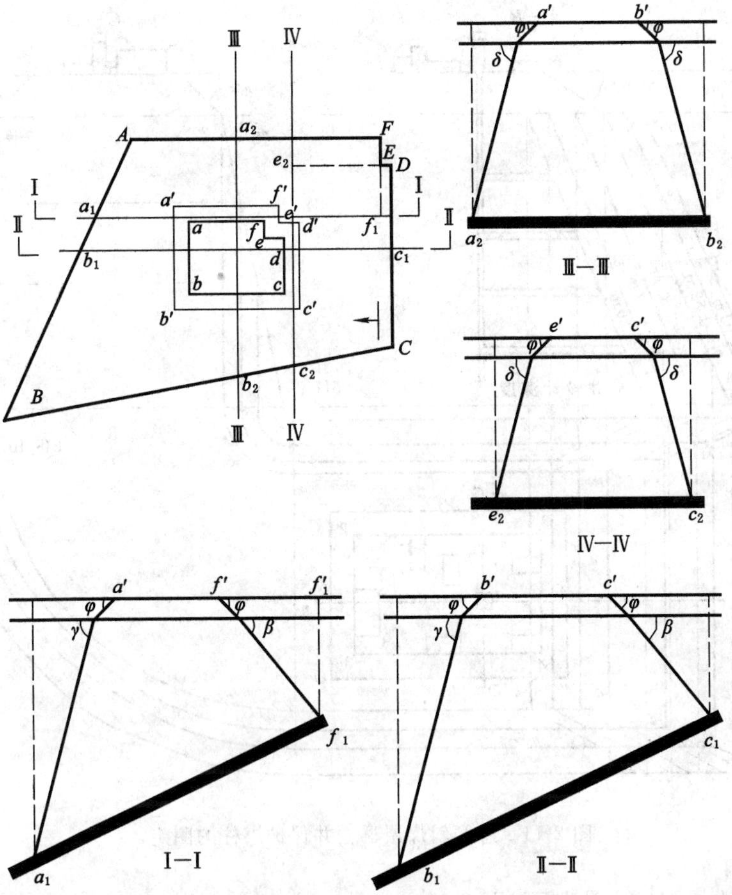


图 2-10 工业场地保护煤柱的圈定

角分别与煤层底板相交于 $a_1$，$f_1$ 和 $b_1$，$c_1$ 点。将 $a_1$，$f_1$ 和 $b_1$，$c_1$ 点投影到平面图上，即为煤柱在倾向上的边界点。

(4) 沿煤层走向作剖面 Ⅲ—Ⅲ，Ⅳ—Ⅳ，并将工业场地的受护边界投影到剖面图上，得 $a'$，$b'$ 和 $e'$，$c'$ 点。

(5) 按给定的 $\varphi$，$\delta$ 角值和第(3)条所述的方法，可求得与煤层底板的交点 $a_2$，$b_2$ 和 $e_2$，$c_2$，并投影到平面图上，即为煤柱在走向上的边界点。

(6) 在平面图上连接 $a_1$，$b_1$ 和 $b_2$，$c_2$ 点，并延长之；同时过点 $a_2$，$e_2$，$f_1$，$c_1$ 作相应受护边界的平行线，则可得保护煤柱边界 $ABCDEF$。

注意事项：

(1) 对形状不规则的受护边界，应在特征点处作剖面。如剖面 Ⅰ—Ⅰ，Ⅳ—Ⅳ。

(2) 对多煤层进行煤柱设计时，用上述方法按每个煤层分别设计。一般情况下，各煤层的煤柱边界线不应互相交叉。

### 2.4.2 急倾斜煤层群立井井筒保护煤柱的留设

某矿开采急倾斜煤层群，煤层倾角 68°，各煤层厚度及间距如图 2-11 所示。立井井筒位于煤系地层底板，其参数为 $\varphi=45°$，$\delta=78°$，$\lambda=55°$。

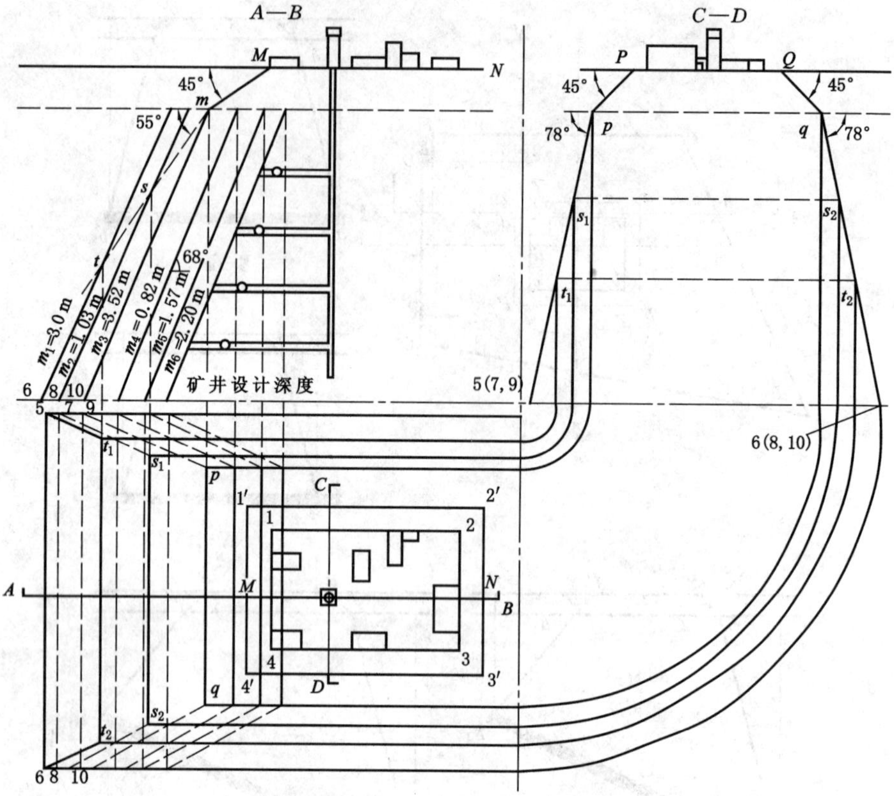


图 2-11　急倾斜煤层群立井保护煤柱的圈定

保护煤柱边界圈定方法如下(图 2-11)：

(1) 过工业场地角点作平行煤层走向和倾向的直线得四边形 1234。在四边形外围留 20 m 宽围护带，得受护面积边界 1′2′3′4′。

(2) 在过井筒中心的倾向剖面即 $A—B$ 剖面上，过 $M$ 点以 $\varphi = 45°$ 作直线，交基岩面上 $m$ 点；由 $m$ 点以 $\lambda = 55°$ 作直线，分别交 $m_1$ 和 $m_2$ 煤层于 $s$ 和 $t$ 点，则此两点分别为两个煤层的开采下限。$mst$ 直线及矿井设计深度以内所有煤层均为倾向剖面的保护煤柱。

(3) 在过井筒中心的走向剖面即 $C—D$ 剖面上，由 $P$，$Q$ 两点以 $\varphi = 45°$ 作直线，交于基岩面 $p$，$q$ 点；由 $p$，$q$ 两点以 $\delta = 78°$ 作直线，两直线与设计深度所圈定的煤层，为走向剖面上的保护煤柱。

(4) 在平面图上，$t_1t_2$65 为 $m_1$ 煤层保护煤柱边界；$s_1s_2$87 为 $m_2$ 煤层保护煤柱边界；$pq$910 为 $m_3$ 煤层保护煤柱边界等。

### 2.4.3　主井防滑煤柱的留设

立井防滑煤柱(图 2-12)的下边界应根据煤层埋藏条件按下式计算确定：

$$H_B = H_S\sqrt[3]{n} + H_{上} \tag{2-4}$$

式中　$H_B$——开采多个煤层时应留设防滑煤柱的深度，m；

$H_S\sqrt[3]{n}$——开采多个煤层时发生滑移的临界深度(从保护煤柱的上边界算起)，或参照本矿区经验选取；

$n$——开采煤层层数；

$H_{上}$——按一般方法设计保护煤柱的上边界垂深。

当立井穿过煤层群时，第一层煤层防滑煤柱按上述原则确定留设深度，其余各煤层的防滑煤柱下边界设计方法是，过上层煤防滑煤柱下边界点（在煤层倾斜剖面上），以 $\gamma$ 角作直线，该直线与各煤层底板的交线即为其防滑煤柱的下边界。如图 2-12 所示。

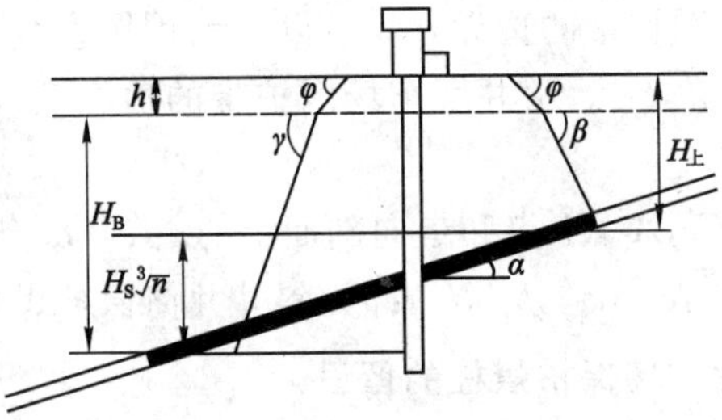


图 2-12 立井防滑煤柱设计方法

### 2.4.4 斜井保护煤柱的留设

某矿斜井井筒地质条件及冲积层和基岩移动角值见表 2-6。

**表 2-6 某矿斜井井筒的地质条件及冲积层和基岩移动角值**

| 斜井斜长 $L$/m | 斜井倾角/(°) | 煤层倾角 $\alpha$/(°) | 煤层厚度 $M$/m | 围护带宽/m | $\varphi$/(°) | $\gamma$/(°) | $\delta$/(°) | $\beta$/(°) |
|---|---|---|---|---|---|---|---|---|
| 300 | 25 | 25 | 1 | 20 | 45 | 70 | 70 | 50 |

保护煤柱边界的圈定方法如下（图 2-13）：

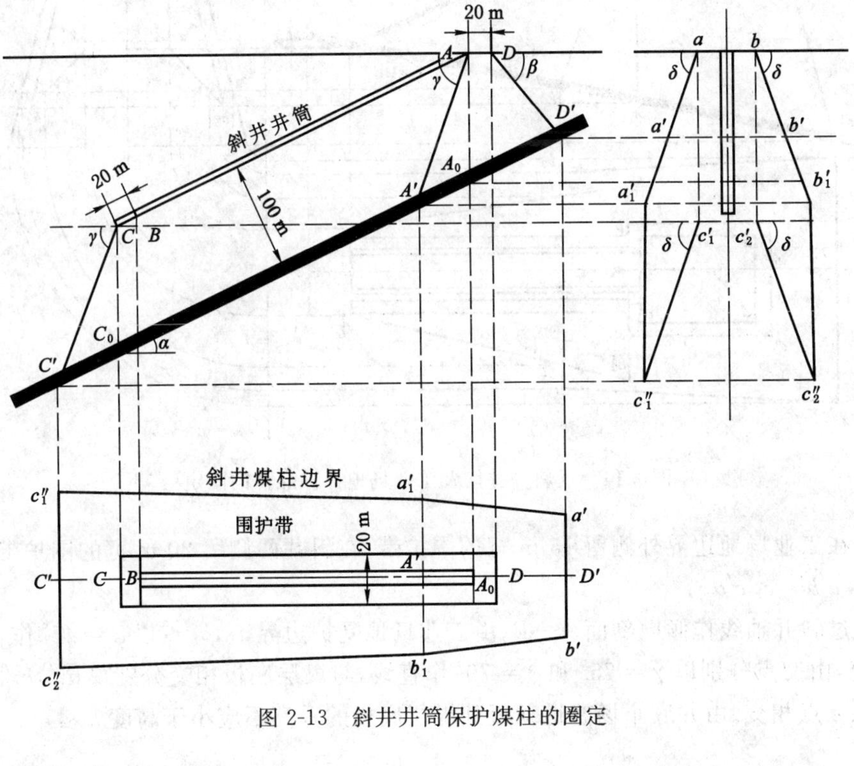


图 2-13 斜井井筒保护煤柱的圈定

(1) 在倾向剖面上，自斜井 $AB$ 的井底车场留 20 m 宽的围护带，延长至 $C$ 点，自 $C$ 点按 $\gamma=70°$ 作直线交煤层于 $C'$ 点。

(2) 自斜井井口 $A$ 向外留 20 m 围护带得 $D$ 点，由 $D$ 点以 $\beta=50°$ 作直线交于煤层 $D'$ 点。

(3) 由 $A$ 点以 $\gamma=70°$ 作直线，交煤层于 $A'$ 点。

(4) 在走向剖面上，由围护带的边界 $a$，$b$ 点以 $\delta=70°$ 作直线，与 $D'$ 点投影线相交于 $a'$，$b'$，与 $A'$ 点投影线相交于 $a_1'$，$b_1'$。由井底车场围护带的边界 $c_1'$，$c_2'$ 以 $\delta=70°$ 作直线，与 $C'$ 点投影线相交于 $c_1''$，$c_2''$。

(5) 将倾向剖面上的 $C'$，$A'$，$D'$ 点和走向剖面上的 $c_1''c_2''$，$a_1'b_1'$ 和 $a'b'$ 投影到平面图上。

(6) 连接投影点 $a'$，$a_1'$，$c_1''$，$c_2''$，$b_1'$，$b'$，即为斜井井筒保护煤柱边界。

### 2.4.5 反斜井井筒与工业广场保护煤柱的留设

某矿反斜井地质条件及冲积层和基岩移动角值如表 2-7 所示。

**表 2-7　某矿反斜井井筒地质条件及冲积层和基岩移动角值**

| 斜井斜长 $L$/m | 斜井倾角/(°) | 煤层倾角 $\alpha$/(°) | 煤层厚度 $M$/m | 冲积层厚度/m | $\varphi$/(°) | $\gamma$/(°) | $\delta$/(°) | $\beta$/(°) |
|---|---|---|---|---|---|---|---|---|
| 415 | 23 | 11 | 2.2 | 15 | 45 | 75 | 75 | 70 |

保护煤柱边界圈定方法如下(图 2-14)：

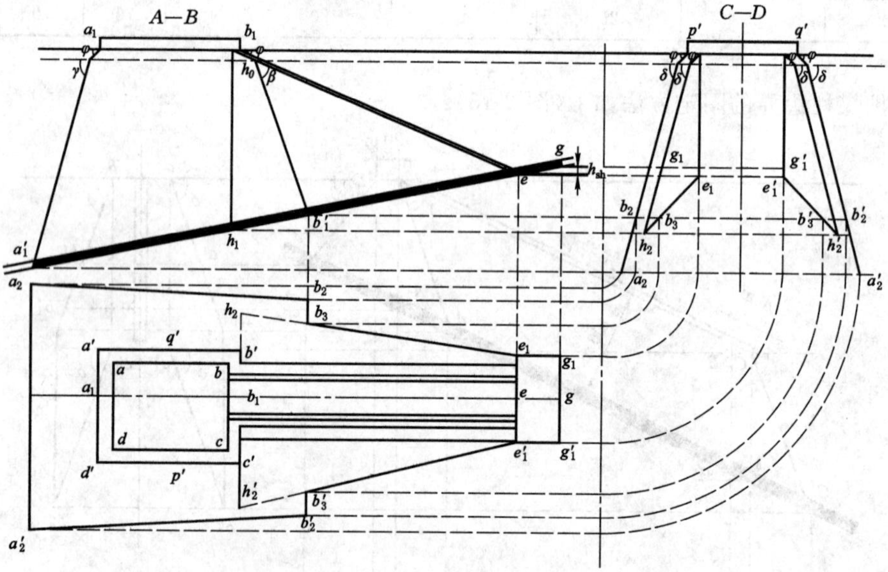


图 2-14　反斜井井筒及工业场地保护煤柱的圈定

(1) 在工业场地边界外侧留 15 m 宽的围护带；在斜井两侧留 20 m 宽的围护带，得受护面积边界 $a'b'e_1e_1'c'd'$。

(2) 过斜井轴线作倾向剖面 $A$—$B$。由工业场地受护边界 $a_1$，$b_1$ 点以 $\varphi=45°$ 作直线与基岩面相交，由交点分别以 $\gamma=75°$ 和 $\beta=70°$ 作直线，与煤层底板相交分别得 $a_1'$，$b_1'$ 点。煤层与井筒在 $e$ 点相交。由井底车场巷道顶板到煤层底板的垂高不应小于高度 $h_{sh}$：

$$h_{sh} = 30 - 25 \times \frac{\alpha}{\rho} = 30 - 25 \times \frac{11}{57.3} = 25\ (\text{m})$$

从而确定得煤层底板上的 $q$ 点。式中，30，25 均为回归的常数；$\alpha$ 为煤层倾角；$\rho$ 为斜井落底处井底的曲线半径。

井口 $h_0$ 在煤层上的垂直投影点 $h_1$ 为斜井井筒保护煤柱下边界（当只留斜井保护煤柱时，仍由井口受护面积边界点按移动角圈定）。

$a_1'b_1'$ 为倾向剖面上工业场地保护煤柱边界。

$h_1g$ 为倾向剖面上斜井和井底车场保护煤柱边界。

(3) 在走向剖面 $C—D$ 上，由 $p'$，$q'$ 点以 $\varphi = 45°$ 作直线与基岩面相交，由交点以 $\delta = 75°$ 作直线，与倾向剖面上 $a_1'$，$b_1'$ 点的投影线分别相交于点 $a_2$，$a_2'$ 和 $b_2$，$b_2'$。$a_2a_2'$ 和 $b_2b_2'$ 为走向剖面上工业广场保护煤柱边界。

斜井井筒受护面积边界和倾向剖面上 $g$，$e$ 点的投影线相交于点 $g_1$，$g_1'$ 和 $e_1$，$e_1'$。$g_1g_1'$ 和 $e_1e_1'$ 为走向剖面井底车场保护煤柱边界。

由井口受护面积边界以 $\varphi = 45°$ 作直线，与基岩面相交，由交点以 $\delta = 75°$ 作直线，与倾向剖面上 $h_1$ 点的投影线分别相交于 $h_2$，$h_2'$ 点。连接 $e_1h_2$ 和 $e_1'h_2'$，与 $b_2b_2'$ 分别相交于点 $b_3$ 和 $b'_3$。

(4) 将 $a_2$，$a_2'$，$b_2$，$b_2'$，$b_3$，$b'_3$，$e_1$，$e_2'$，$g_1$，$g_1'$ 点分别投影到平面图上，则所得多边形 $a_2b_2b_3e_1g_1g_1'e_1'b_3'b_2'a_2'$ 即为反斜井及工业场地保护煤柱边界。

### 2.4.6 平硐、石门、大巷及上、下山保护煤柱的留设

#### 2.4.6.1 平硐、石门穿过煤层

当平硐、石门穿过煤层时，平硐、石门保护煤柱可按下述方法设计（图 2-15）。

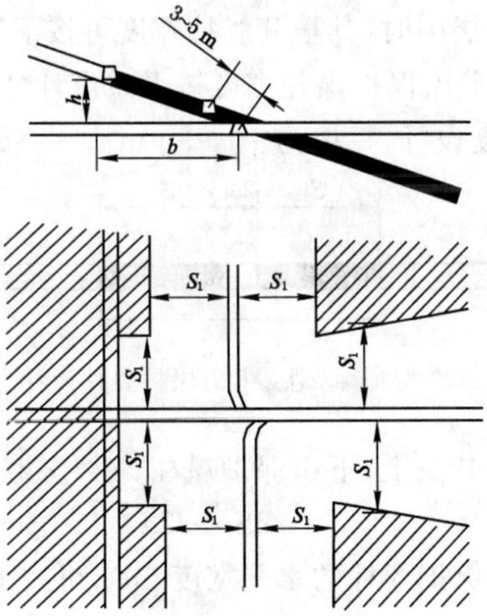


图 2-15 平硐及石门保护煤柱设计方法

$S_1$——平硐、石门及巷道煤柱宽度

(1) 对倾角小于或等于 35°的煤层，穿煤点上方的平硐、石门保护煤柱的水平投影长度 $b$ 可按下式计算确定：

$$b = \frac{h}{\tan\alpha}M \tag{2-5}$$

式中　$h$——穿煤点上方保护煤柱的相对垂高，m；

$M$——煤层厚度，m。

$$h = 30 - 25\frac{\alpha}{\rho} \tag{2-6}$$

式中　$\alpha$——煤层倾角；

$\rho$——斜井落底处井底的曲线半径。

(2) 对倾角大于35°的煤层，平硐、石门上方煤柱的相对垂高一般可取为10 m。

(3) 如果煤层底板为厚度大于20 m的坚硬岩层（如石英砂岩等）时，平硐、石门上方可只留设3～5 m煤柱作为护巷煤柱，而不留设平硐、石门保护煤柱。

(4) 穿煤点下方的平硐及石门保护煤柱设计方法是从护巷煤柱边界起，以岩层移动角法设计（图2-16）。

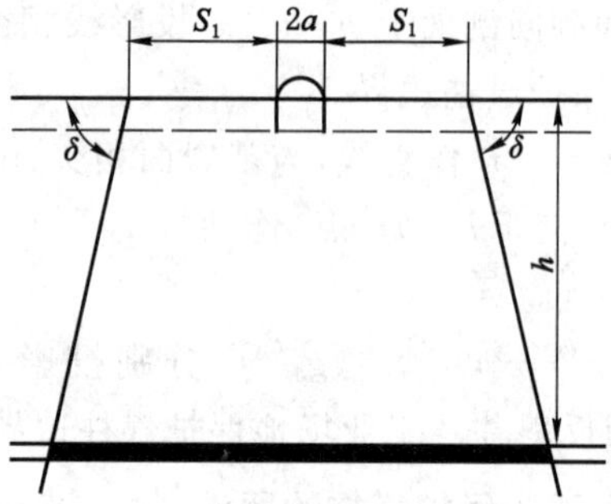


图2-16　平硐及石门下方保护煤柱设计方法

2.4.6.2　大巷及上、下山位于煤层中

当大巷及上、下山位于煤层中时，其护巷煤柱宽度可按下述方法确定。

(1) 煤层中的大巷及上、下山保护煤柱宽度按下式设计计算（图2-17），或按实测资料取煤层中固定支承压力带的宽度设计（一般为20～80 m）。

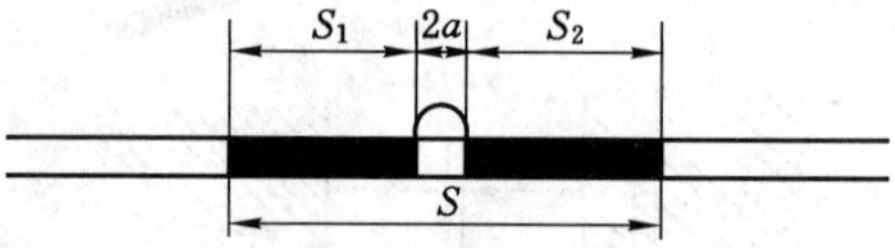


图2-17　大巷及上、下山保护煤柱设计方法

煤层（倾角小于35°时）大巷及上、下山保护煤柱宽度$S$为：

$$S = 2S_1 + 2a \tag{2-7}$$

式中　$S_1$——大巷及上、下山保护煤柱的水平宽度(m)，可按下式设计计算：

$$S_1 = \sqrt{\frac{H(2.5 + 0.6M)}{f}} \tag{2-8}$$

式中　$a$——受护斜井或巷道宽度的一半，m；

$H$——斜井或巷道的最大垂深，m；

$M$——煤厚，m；

$f$——煤的坚固性系数。

2.4.6.3 其他情况

(1) 大巷及上、下山位于煤层顶板岩层中时，其保护煤柱设计方法及宽度可按 2.4.6.1 中第(4)条所述方法进行计算。

(2) 大巷及上、下山位于煤层底板岩层中时，且上山倾角与煤层倾角相同时，应根据上、下山至煤层的法线距离(图 2-18)、煤层厚度及其间的岩性参照表 2-8 确定是否留设煤柱。当该法线距离大于或等于表 2-8 中的数值时，上、下山上方的煤层中可不留设保护煤柱；当该法线距离小于表 2-8 中的数值时，上、下山上方的煤层中应留设保护煤柱。该保护煤柱的宽度可参照前述有关方法设计。

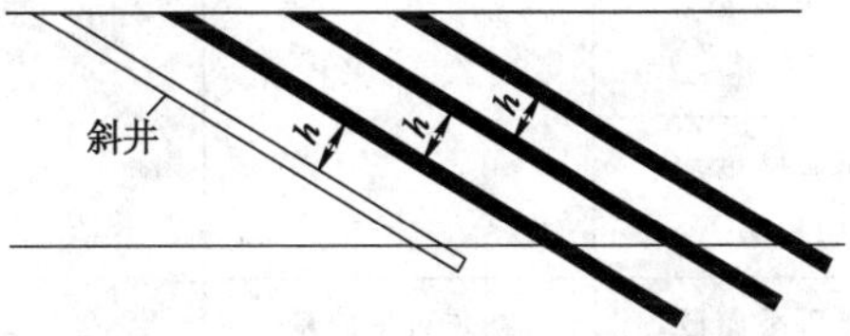


图 2-18 斜井或巷道煤柱设计方法

**表 2-8 斜井上方煤层中留设保护煤柱的临界法线距离**

| 岩性 | 岩石名称 | 临界法线距离 $h$/m | |
|---|---|---|---|
| | | 薄、中厚煤层 | 厚煤层 |
| 坚硬 | 石英砂岩、砾岩、石灰岩、砂质页岩 | $(6\sim10)M$ | $(6\sim8)M$ |
| 中硬 | 砂岩、砂质页岩、泥质页岩、页岩 | $(10\sim15)M$ | $(8\sim10)M$ |
| 软弱 | 泥岩、铝土页岩、铝土岩、泥质砂岩 | $(15\sim25)M$ | $(10\sim15)M$ |

(3) 上、下山穿过煤层时，其保护煤柱宽度可按下述方法进行确定。将上、下山的受护边界投影到地面标高水平，并在走向和倾斜剖面上均以移动角法设计，如图 2-19 所示。

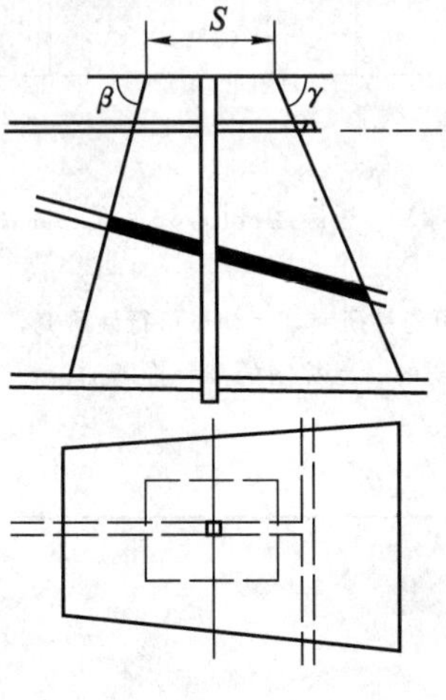


图 2-19 上、下山穿过煤层时保护煤柱的设计

## 附录 A　固体矿产资源/储量分类

**表 A　固体矿产资源/储量分类**

<table>
<tr><th rowspan="2">地质可靠程度<br>分类类型<br>经济意义</th><th colspan="3">查明矿产资源</th><th>潜在矿产资源</th></tr>
<tr><th>探明的</th><th>控制的</th><th>推断的</th><th>预测的</th></tr>
<tr><td rowspan="4">经济的</td><td>可采储量<br>(111)</td><td rowspan="2"></td><td rowspan="8"></td><td rowspan="8"></td></tr>
<tr><td>基础储量<br>(111b)</td></tr>
<tr><td>初步可采储量<br>(121)</td><td>初步可采储量<br>(122)</td></tr>
<tr><td>基础储量<br>(121b)</td><td>基础储量<br>(122b)</td></tr>
<tr><td rowspan="2">边际经济的</td><td>基础储量<br>(2M11)</td><td></td></tr>
<tr><td>基础储量(2M21)</td><td>基础储量<br>(2M22)</td></tr>
<tr><td rowspan="2">次边际经济的</td><td>资源量<br>(2S11)</td><td></td></tr>
<tr><td>资源量<br>(2S21)</td><td>资源量<br>(2S22)</td></tr>
<tr><td>内蕴经济的</td><td>资源量<br>(311)</td><td>资源量<br>(332)</td><td>资源量<br>(333)</td><td>资源量<br>(334)?</td></tr>
</table>

说明：表中所用编码(111～334)

第 1 位数表示经济意义：1＝经济的，2M＝边际经济的，2S＝次边际经济的，3＝内蕴经济的，? ＝经济意义未定的；

第 2 位数表示可行性评价阶段：1＝可行性研究，2＝初步可行性研究，3＝概略研究；

第 3 位数表示地质可靠程度：1＝探明的，2＝控制的，3＝推断的，4＝预测的；b＝未扣除设计、采矿损失的可采储量

## 附录 B　煤炭资源量估算指标

表 B　　煤炭资源量估算指标

| 指标（项目＼煤类） | | | | 炼焦用煤 | 长焰煤<br>不黏煤<br>弱黏煤<br>贫　煤 | 无烟煤 | 褐煤 |
|---|---|---|---|---|---|---|---|
| 煤层厚度 | 井工开采 | 倾角 | <25° | ≥0.7 | ≥0.8 | | ≥1.5 |
| | | | 25°～45° | ≥0.6 | ≥0.7 | | ≥1.4 |
| | | | >45° | ≥0.5 | ≥0.6 | | ≥1.3 |
| | 露天开采 | | | ≥1.0 | | | ≥1.5 |
| 最高灰分 $A_d$/% | | | | 40 | | | |
| 最高硫分 $S_{t,d}$/% | | | | 3 | | | |
| 最低发热量 $Q_{net,d}$/(MJ/kg) | | | | — | 17.0 | 22.1 | 15.7 |

## 附录 C　矿井初步可行性研究、可行性研究和初步设计资源/储量类型及计算

C.1　矿井初步可行性研究以详查地质报告为基础的资源/储量类型及计算

C.1.1　矿井地质资源量应为详查地质报告提供的查明煤炭资源的全部。应包括控制的内蕴经济的资源量 332、推断的内蕴经济的资源量 333。

C.1.2　地质资源量中控制的资源量 332，经分类得出的经济的基础储量 122b、边际经济的基础储量 2M22，连同地质资源量中推断的资源量 333 的大部，应归类为矿井工业资源/储量。矿井工业资源/储量应依据附录 A 和附录 B 的分类原则和指标，对控制的资源量进行初步可行性综合评价和经济意义分类；对推断的资源量应只作资源可靠性评价，可直接采用详查地质报告提供的该类资源量。矿井工业资源/储量的归类框架可按图 C.1 采用。

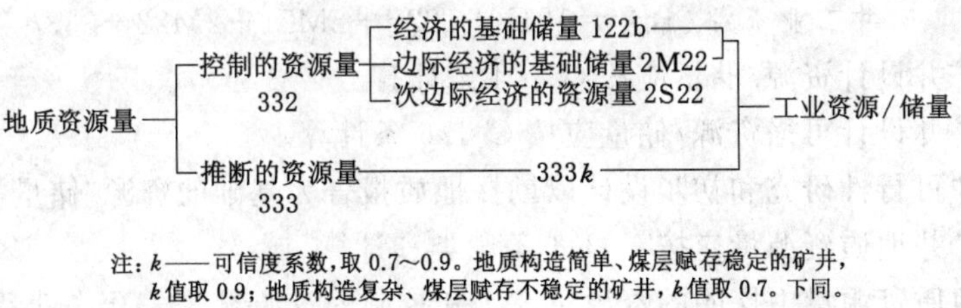


注：k——可信度系数，取 0.7～0.9。地质构造简单、煤层赋存稳定的矿井，k 值取 0.9；地质构造复杂、煤层赋存不稳定的矿井，k 值取 0.7。下同。

图 C.1　初步可行性研究（基于详查地质报告）的矿井工业资源/储量归类框架

C.1.3　矿井工业资源/储量应按下式计算：

$$矿井工业资源/储量 = 122b + 2M22 + 333k \tag{C.1}$$

式中　$k$——可信度系数，取 0.7～0.9。

C.1.4　矿井设计资源/储量应为矿井工业资源/储量减去设计计算的断层煤柱、防水煤柱、井田境界煤柱、地面建（构）筑物煤柱等永久煤柱损失量后的资源/储量。

C.1.5　矿井设计可采储量应为矿井设计资源/储量减去工业场地和主要井巷煤柱的煤量后与采区回收率之积。矿井设计可采储量应按下式计算：

$$\text{矿井设计可采储量}=\left[\text{矿井设计资源/储量}-\begin{pmatrix}\text{工业场地和主要}\\\text{井巷煤柱煤量}\end{pmatrix}\right]\times\text{采区回收率} \tag{C.2}$$

C.2　矿井初步可行性研究以勘探地质报告为基础的资源/储量类型及计算

C.2.1　矿井地质资源量应为勘探地质报告提供的查明煤炭资源的全部。包括探明的内蕴经济的资源量 331、控制的内蕴经济的资源量 332、推断的内蕴经济的资源量 333。

C.2.2　地质资源量中探明的资源量 331 和控制的资源量 332，经分类得出的经济的基础储量 121b 和 122b、边际经济的基础储量 2M21 和 2M22，连同地质资源量中推断的资源量 333 的大部，应归类为矿井工业资源/储量。矿井工业资源/储量应依据附录 A 和附录 B 的分类原则和指标，对控制的资源量进行初步可行性综合评价和经济意义分类；对推断的资源量应只作资源可靠性评价，可直接采用勘探地质报告提供的该类资源量。矿井工业资源/储量的归类框架可按图 C.2 采用。

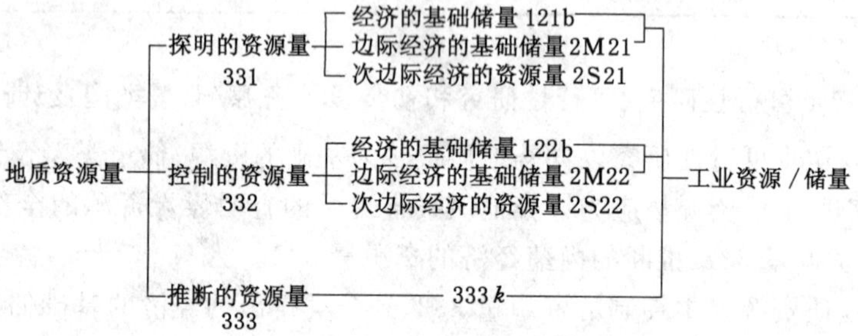


图 C.2　初步可行性研究（基于勘探地质报告）的矿井工业资源/储量归类框架

C.2.3　矿井工业资源/储量按下式计算：

$$\text{矿井工业资源/储量}=121b+122b+2M21+2M22+333k \tag{C.3}$$

C.2.4　矿井设计资源/储量应按 C.1.4 条计算。

C.2.5　矿井设计可采资源/储量应按 C.1.5 条计算。

C.3　矿井可行性研究和初步设计以勘探地质报告为基础的资源/储量类型及计算

C.3.1　矿井地质资源量应按 C.2.1 条归类和计算。

C.3.2　地质资源量中探明的资源量 331 和控制的资源量 332，经分类得出的经济的基础储量 111b 和 122b、边际经济的基础储量 2M11 和 2M22，连同地质资源量中推断的资源量 333 的大部，应归类为矿井工业资源/储量。矿井工业资源/储量应依据附录 A 和附录 B 的分类原则和指标，对探明的和控制的资源量进行可行性综合评价和经济意义分类；对推断的资源量作资源可靠性评价，可直接采用勘探地质报告提供的该类资源量。矿井工业资源/储量的归类框架可按图 C.3 采用。

C.3.3　矿井工业资源/储量按下式计算：

$$\text{矿井工业资源/储量}=111b+122b+2M11+2M22+333k \tag{C.4}$$

C.3.4　矿井设计资源/储量应按 C.1.4 条计算。

C.3.5 矿井设计可采资源/储量应按 C.1.5 条计算。

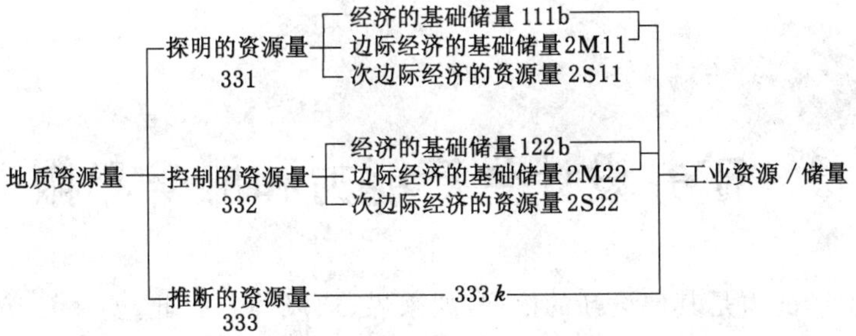


图 C.3 可行性研究和初步设计(基于勘探地质报告)的矿井工业资源/储量归类框架

# 3 矿井设计生产能力和服务年限

矿井设计生产能力是其他设计的依据，如采煤、通风等。因此，要注意互相之间的联系和数据的一致性，并注意内容全面，防止前后矛盾。

## 3.1 矿井设计生产能力

按规定，矿井设计生产能力应按年工作日 276 d 计算，每天提煤时间应为 18 h。

矿井设计生产能力应根据查明资源/储量、地质构造、外部建设条件、矿区总体规划、目标市场需求、开采技术条件、技术装备、煤层及采煤工作面生产能力、经济效益等因素，经多方案比较后确定。论证和确定矿井设计生产能力应符合下列规定：

(1) 应以一个开采水平保证矿井设计生产能力，并应进行第一开采水平或不小于 20 a 配产；

(2) 矿井配产应符合安全生产要求的合理开采顺序，不应采厚丢薄；

(3) 全矿井同时生产的采煤工作面个数，煤(岩)与瓦斯(二氧化碳)突出矿井不应超过 2 个工作面(不包括开采保护层的工作面个数)，其他矿井宜以 1～2 个工作面保证矿井生产能力，大型或特大型矿井，当井田储量丰富，下部厚煤层被上覆薄及中厚煤层所压，长期难以达产时，最多不应超过 3 个工作面。

矿井设计生产能力应划分为特大型、大型、中型、小型四种类型，其类型划分应符合下列规定：

(1) 特大型矿井应为 10.00 Mt/a 及以上；

(2) 大型矿井应为 1.20 Mt/a、1.50 Mt/a、1.80 Mt/a、2.40 Mt/a、3.00 Mt/a、4.00 Mt/a、5.00 Mt/a、6.00 Mt/a、7.00 Mt/a、8.00 Mt/a、9.00 Mt/a；

(3) 中型矿井应为 0.45 Mt/a、0.60 Mt/a、0.90 Mt/a；

(4) 小型矿井应为 0.09 Mt/a、0.15 Mt/a、0.21 Mt/a、0.30 Mt/a；

(5) 新建矿井不应出现介于两种设计生产能力的中间类型。

由于一个矿井的设计生产能力受资源/储量、开采技术条件、地质构造、技术装备、煤层及采煤工作面生产能力等诸多因素影响，因此，不可能在设计之初就能确定一个矿井的合理的井型和服务年限。然而一个矿井的开拓系统和采煤方法与井型的大小及服务年限的长短又有密切的关系(例如，不采用高度机械化设备的矿井不可能既达到大型集中化，同时又减少开拓工作量的目的)，所以，设计时应用第 2 章计算出的“矿井设计可采储量”和《煤炭工业矿井设计规范》有关井型和服务年限的规定，确定矿井的设计生产能力。

$$T = \frac{Z_k}{AK} \tag{3-1}$$

式中　$Z_k$——矿井设计可采储量，Mt；

$T$——矿井设计服务年限，a；

$A$——矿井设计生产能力，Mt/a；

$K$——储量备用系数，一般取 1.3～1.5。

采用式(3-1)计算时，应从前述所列出井型系列中，参考实习矿井的设计生产能力或现有生产能力，选一矿井设计生产能力代入公式，计算出矿井设计服务年限后，与表 3-1 中的规定对照，可以判断出所选井型是否恰当，或者偏小或偏大，然后调整矿井设计生产能力，一般调整一次即可。

## 3.2　矿井设计服务年限

新建矿井及其第一开采水平的设计服务年限不应小于表 3-1 的规定，特殊和稀缺煤类矿井设计服务年限不应低于表 3-1 规定的 1.2 倍。

**表 3-1**　　　　**新建矿井设计服务年限**

| 矿井设计生产能力/(Mt/a) | 矿井设计服务年限/a | 第一开采水平设计服务年限/a | | |
|---|---|---|---|---|
| | | 煤层倾角<25° | 煤层倾角25°～45° | 煤层倾角>45° |
| 10.00 及以上 | 70 | 35 | — | — |
| 3.00～9.00 | 60 | 30 | — | — |
| 1.2～2.4 | 50 | 25 | 20 | 15 |
| 0.45～0.90 | 40 | 20 | 15 | 15 |
| 0.21～0.30 | 25 | — | — | — |
| 0.15 | 15 | — | — | — |
| 0.09 | 10 | — | — | — |

计算矿井及其第一开采水平设计服务年限时，应根据井田地质条件及勘查程度，采用适当的资源/储量备用系数。资源/储量备用系数宜采用 1.3～1.5，地质构造简单、主采煤层较稳定时宜取小值，地质构造复杂、主采煤层不稳定时宜取大值。

矿井设计生产能力和相应的服务年限随着国民经济和开采技术的发展，煤炭部门在必要时要进行调整，故设计时应以煤炭部门最新技术文件规定为准。

# 4 井田开拓

井田开拓是指在井田范围内，为了采煤，从地面向地下开拓一系列巷道进入煤体，建立矿井提升、运输、通风、排水和动力供应等生产系统。这些用于开拓的井下巷道的形式、数量、位置及其相互联系和配合称为开拓方式。合理的开拓方式，需要对技术可行的几种开拓方式进行技术经济比较才能确定。本章是毕业设计最主要的部分，其中心是确定一个技术和经济上都较为合理的开拓方案。

井田开拓是矿井设计的关键，直接关系到矿井的布局，关系到矿井长远的技术经济效益，关系到安全生产，做好本章的设计内容是十分重要的。其主要内容包括：

(1) 井筒形式、位置、数量及相应工业广场的位置；

(2) 确定阶段垂高及开采水平；

(3) 煤层群分组及开采水平大巷的布置；

(4) 井底车场形式的选择；

(5) 采区划分及采区开采顺序。

## 4.1 井田开拓的基本问题

### 4.1.1 确定井筒(硐)形式、数目

(1) 井筒(硐)形式

确定井筒(硐)形式，一般应按照“先平硐、后斜井再立井”的次序加以考虑。在条件宜于综合开拓时，应采用两种以上的井筒(硐)形式综合开拓。在设计时，往往出现不能从技术分析得出合理井筒(硐)形式的情况。此时，有必要进行经济比较。经济比较以后综合其他因素最后确定井筒(硐)形式，进行井筒(硐)形式比较的内容比较多，有的比较内容又与井筒(硐)和水平划分等其他开拓的重要问题在确定方案进行方案比较时的内容相互交叉，密切联系。所以，在大巷位置、数量、水平划分、通风方式、工业广场位置等开拓参数基本相同的情况下，进行井筒(硐)形式的经济比较应抓住重点的、影响较大的项目来进行。通常，在井筒(硐)建设方面主要进行井巷工程量和建井费用、工期的比较，在生产经营费用方面主要进行提升费(或运输费)、维护费的比较，如井筒(硐)保安煤柱量已计算出，也可列入比较。

有关各种井筒(硐)形式的优缺点及适应条件，在《煤矿开采学》、《采矿学》等教材及《采矿工程设计手册》和其他采矿设计资料中都有较多分析论述，实例亦很多，在设计选择时可查阅参考。

(2) 井筒(硐)数量

确定井筒(硐)的数量，应首先考虑按《煤炭工业矿井设计规范》进行，除此之外，还应当用《煤矿安全规程》有关规定进行检查对照，必须完全符合安全要求。特别应注意《煤矿安全

规程》规定的一个矿井至少有两个以上的通到地面的安全出口，采用单一平硐和混合提升的小矿必须另掘井筒(硐)作安全出口。另外，还应注意《煤矿安全规程》和《煤炭工业矿井设计规范》在井筒(硐)上的其他规定，如风速、煤尘、提运兼通风的要求等，也可能对井筒数目有一定的影响。

### 4.1.2 确定工业广场及井口位置

由于矿井地面部分的设计涉及的面比较广，毕业设计不要求对这一部分作具体设计，一般在考虑地面工业广场的位置、面积和外运方式时，尽量采用实习矿井的工业广场作为设计的广场。如果实习矿井工业广场所在位置经多年实践证明不合理(这一问题应在毕业实习时解决)，矿区内又有其他可供选择的场地作为工业广场时，设计者可以结合井筒(硐)合理位置的选择，在场地地形、面积、煤炭外运条件等方面作一般性的分析，结合《煤炭工业矿井设计规范》的要求，确定工业广场和井筒(硐)的合理位置。

井筒位置的选择必须将地面条件和井下条件结合起来进行。常常先从井下条件出发，选择出按井下条件的井口合理位置，对照地面条件，当地面对应井口位置或其附近有较有利的工业广场时，井筒位置可以确定。否则，只有从地面条件允许的地方设置井筒(硐)口，再考虑井下的开拓系统如何适应这一井口位置，井筒位置与形式是密切联系的，应同时进行考虑。

在井田范围内，常有几个可建工业广场的有利地形，通常直接应用井上、下有利井筒(硐)位置的设置原则和较成熟的经验予以判断，实在优劣难辨，可通过方案比较解决。下面将选择井筒位置应考虑的地面与井下条件要点列出：

(1) 地面条件

① 工业广场占地面积：按《煤炭工业矿井设计规范》要求；

② 地形与工程地质条件：平坦，无水、滑坡等灾害；

③ 煤的运向：距运出点或用户尽量近的位置；

④ 生产建设条件与住宅区的位置：毕业设计不要求详细考虑。

(2) 井下条件

① 按最小运输功确定井筒位置：即吨·千米量最小；

② 地质条件；

③ 煤柱量：当煤柱量过大时应当注意；

④ 勘探强度和初期工程量：应在钻孔较多的勘探线附近。

由于选择井筒位置的因素很多，设计时不可能各种因素都遇到。故考虑时应抓住具体条件下的主要矛盾，进行分析论证。进行方案比较时，地面通常只进行运输线路基建费和运输功及其经营费[即吨·千米和元/(吨·千米)]的经济比较。与井下运输比较时，主要进行运输费用或经营费用的比较。

### 4.1.3 水平划分问题

除近水平煤层采用单一水平开拓的情形外，倾斜、缓倾斜及部分斜长较大的近水平煤层，总是由浅入深按划分的阶段逐渐向深部发展的。矿井设计的主要任务是确定阶段数，各阶段的垂高及斜长。井田开拓设计着重于选择阶段的开采水平的标高，使其贯穿全部煤层，有利于开采。

水平划分对矿井的生产将产生长远的影响，必须慎重，应综合以下基本原则和步骤来进行：

(1) 根据水平服务年限来计算阶段垂高

根据《煤炭工业矿井设计规范》规定，每个开采水平必须有足够的储量保证水平服务年限，且一般一个开采水平的年生产能力应等于矿井生产能力。根据这些原则可以计算必需的阶段垂高。计算公式、参数及含义和取值，参阅相关教材和《采矿工程设计手册》有关章节。

这样计算出来的垂高值是一个下限。在井田总垂高已定的情况下划出的阶段很可能不是整数，所以，必须再根据下面的其他原则进一步调整确定阶段数和水平标高。

(2) 从矿井生产技术的合理性来确定阶段垂高和斜长

一个矿井的生产主要是在开采水平范围内划出的采(盘)区或分区(倾斜长壁)内进行的，它们的开采活动和系统运转的好坏与阶段斜长有很密切的联系。

合理的阶段斜长应使以下几个方面得到合理的参数或有利的生产条件。

① 在确定了合理的采煤工作面长度(走向长壁)的前提下，使采区有合理的区段数；

② 由于受采区上(下)山的辅助提升绞车车容绳量的限制，阶段斜长应当考虑所选用绞车的最大提升长度，采区绞车一般在 1.6 m(指卷筒直径)以下；

③ 应考虑沿倾斜方向掘进巷道过长时的施工困难；

④ 要考虑采区巷道维护费用高和瓦斯涌出量大时，阶段斜长过大对正常生产和经营费用的影响；

⑤ 倾斜长壁法开采时要考虑辅助运输难度和设备投入量的问题；

⑥ 要考虑安全生产和减轻工人劳动强度。

(3) 从吨煤投资和生产经营成本的总效益来考虑合理的阶段垂高

对于一定条件下的矿井，不同阶段垂高其吨煤总成本是不同的，它们之间存在着函数关系。理论上，当阶段垂高为某一值时，吨煤总费用可以达到最低。目前，由于指标不完整，设计中确定阶段垂高主要根据方案比较，即根据前面所叙述的方法和原则，拟出几个标高，即得几个方案，分别计算各方案吨煤总费用，进行比较后取较低者作为定案。

毕业设计一般不要求进行详细的经济比较。如有必要进行经济比较时，只要求提出两个水平划分方案，列入最主要的项目进行比较，一般只要求列入下面的项目：

① 井巷工程费：包括井筒(硐)工程量及井底车场工程量的费用，毕业设计时，井筒(硐)工程量计算可简化，只需将总长度乘以毛断面积即可。再从建井工程概算指标中查出单价指标，即可计算出总费用。

井底车场工程量可以依据后面选择的井底车场(借用《采矿工程设计手册》中的实例)的工程量。井底车场(包括硐室)工程概算综合大指标可作方案比较时的费用估算指标，近几年可按 4～5 元/t 煤生产能力来计算，井型大取大值，井型小取小值。应当注意的是，概算综合大指标随着时间的推移是在不断变化的，设计时如果收集到的指标与此处所提供的不同，应以新的较合理的指标作为方案比较时的估算指标。

② 煤炭提运费：包括采区煤炭沿上(下)山运输费和主井提升费，计算采区上(下)山运输费时，可以简化算法，运距可以从采区斜长的中部计算到运输大巷，然后乘以采区可采储量，即得到采区运输功，从经营费用指标中查出相应指标相乘可得到采区运输(上、下山)的

概算总费用。

(4) 根据煤层赋存条件及地质构造来划分水平

煤层倾角是影响阶段垂高的主要因素，对于近水平煤层，阶段垂高已无实际意义，这时主要确定的是大巷两侧上、下山的斜长。从我国的情况来看，上山长度一般不超过 1 500 m，下山长度一般不超过 1 000 m。

地质构造的影响因矿而异，应根据具体条件参考实习资料来确定水平的划分。

(5) 其他注意点

① 井田内某一水平沿走向斜长有较大差异或地质构造破坏，可以考虑设置辅助水平；

② 水平划分应与其他开拓参数统一考虑；

③ 经济比较可单独进行(即作局部方案先确定)，也可列入矿井总的经济比较中(即矿井总体方案比较)参与比较。

④ 水平划分的不同方案的情况应尽量在前面井筒方案的插图(主要是剖面图)中表达出来，使设计者的想法更为直观清楚。

### 4.1.4 煤层群分组及开采水平大巷的布置

矿井开采水平确定以后，进一步要解决的问题是开采水平的布置问题。运输大巷是水平布置的主导，而水平大巷的位置往往是与煤层群的分组密切相关的。应当注意的是，这里所说的煤层群分组与地质部门从地质角度的分组是不同的，是以保证矿井的开采方便和有利为原则的。煤层群分组的影响因素也比较多，由于煤层赋存的复杂性及开采能力和条件的不同，各个矿井都有其特殊性。设计分组时应在分析矿井具体条件和设计题的基础上，参考相关教材及《采矿工程设计手册》有关分组的原则方法的论述去进行。

大巷的布置考虑的问题也比较多，设计中主要解决布置的方式和层位的选择，两个问题分述如下：

(1) 大巷布置的方式

通常与煤层群分组相结合，分为：

① 集中布置：即所有煤层共用一条大巷；

② 分层集中布置：即各煤层分别布置一条大巷；

③ 分组集中布置：各煤组分别布置一条大巷，用大巷采区石门方式为本煤组服务。

各种形式的适应条件及优缺点，参阅相关教材及《采矿工程设计手册》。

(2) 大巷层位的选择

多年的生产实践及矿山压力的研究证明，将大巷布置在煤层底板不受采动影响的稳定岩层当中，或煤组下部煤质坚硬、围岩稳定、无自然发火的薄及中厚煤层当中时，可大大减少大巷维修费，保证大巷的运输通畅，给矿井的正常生产提供有利的条件。

大巷距煤层岩柱的厚度(或称垂距)，因煤层底板情况各异在不同井田差异较大，其数值因地而异，通常在 10～30 m。具体岩柱厚的数值，主要决定于是否有一层较坚硬稳定的岩层布置大巷。有的矿井，在距煤层底板 50 m 以上的较坚固岩层中布置了大巷，经过经济比较，仍然是有利的。所以，学生必须在实习矿山充分了解现有大巷的使用情况，分析地层情况，以便在设计时很快地合理地确定大巷层位。

应当注意的是，近年来由于高度机械化生产，工作面推进和采准掘进速度大大提高，巷道维护时间随之减少。另外，现代化综采采区为延长工作面和减少“搬家”次数，要求开拓开采系统尽量简化。这样,分煤层大巷的简单系统显得更能适应这一要求。所以,设计时,大巷层位的选择不仅要考虑大巷的稳定,还应当考虑开采方法的特点和要求。

#### 4.1.5 井底车场形式的选择

4.1.5.1 选择的依据

(1) 矿井生产能力及工作制度;

(2) 矿井开拓方式:主要考虑井筒位置、形式、出煤提升方位、大巷及主石门与井筒的关系;

(3) 井筒数量及用途;

(4) 大巷运输方式:电机车、胶带机等;

(5) 矿井通风方式及瓦斯涌出量;

(6) 井上、下生产系统情况;

(7) 车场附近地质、水文及涌水情况。

4.1.5.2 选择的方法及步骤

(1) 直接引用实习矿山的井底车场,但必须符合设计题的要求和条件。

(2) 当实习矿井井底车场不符合设计题的要求时,可根据前面列出的条件和依据在《采矿工程设计手册》所提供的基本类型中选择合适的形式。

(3) 在《采矿工程设计手册》井底车场实例及标准设计索引中,选取可引用的车场设计或实例,一般只要矿井井型、开拓方式、提升方式都与设计矿井的条件基本相同,都可以选用。

(4) 由于矿井条件千差万别,从上述资料中不一定能选到完全适宜的车场实例。由于毕业设计不要求进行井底车场的线路设计和编排调度表及验算通过能力,所以,只能利用上述资料中接近设计者要求的实例进行局部调整,使其基本符合设计要求。一般只要不改变借用实例车场中的各基本车线长度及基本调车方式,局部改变某些线路位置或增减少数连接线路,对车场的通过能力及工程量等改变不大。车场主要参数可以引用资料中被引用实例的参数。

#### 4.1.6 采区划分及采区回采顺序

当开采水平确定后,通常要沿井田煤层走向(或水平运输大巷延伸方向)划分采区(或盘区)。目前,国内采用倾斜长壁采煤法的矿井,因考虑集中出煤及通风、供电等的影响或限制,通常仍类似于走向长壁法沿走向划出“分区”。

划分采区的工作主要集中在两个方面:

(1) 沿煤层倾斜方向划出水平内各采区的走向边界;

(2) 当开采煤层群时,划出采区在开采水平内垂直走向方向的边界。

采区开采的顺序,矿井开采初期采区应布置在井筒附近,并贯彻先近后远的原则,逐步向井田边界扩展。当可采煤层多,煤系较厚,采用分组布置采区时,一般应先采上煤组,后采下煤组。如因特别因素先采下煤组时,应预先进行岩石移动影响范围的圈定工作,在不妨碍或不破坏上煤组的前提下可以先采下组煤。

## 4.2 方案比较法

#### 4.2.1 方案比较法实质

在矿井开采设计方案中,可以从不同的角度提出几个不同的方案。除了对单个技术方案本身进行评价，确定其经济效果的好坏以外，更重要的是要把它与其他方案进行比较，从而评价它在这些方案中经济效果的优劣。在方案的技术经济比较中，经济的合理性是以技术上的可靠性、先进性为前提，必须正确处理技术和经济的关系，使选出的方案在技术上可靠与先进、在经济上合理。

在进行工程设计时，根据已知条件列出在技术上可行的若干个方案，然后进行具体的技术分析和经济比较，从中选出相对最优的一种方案，这种设计方法称为方案比较法。

### 4.2.2 方案比较法步骤

方案比较法的使用步骤一般为：

(1) 首先明确设计的内容、性质、要求，以及设计要达到的目标等。

(2) 熟悉和掌握设计任务书或设计中所要解决的总体或局部课题的内部及外部条件，对矿井设计来说主要是矿井的地质地形条件、交通情况，与相邻矿井的关系，与其他企业的关系等。

(3) 根据内部及外部条件、设计任务的内容和目标，提出可行的方案。

(4) 对提出的可行方案进行技术和经济分析，从中选取 2～3 个较优方案。

(5) 对选出的较优方案进行详细的技术和经济计算与比较，全面研究技术和经济的合理性，明确各方案在技术上和经济上的差异，全面衡量各方案的利弊。在技术上可行的数个方案中，经济指标是决定取舍的主要依据。从各方案中选出相对最优的方案作为设计方案。

(6) 按设计任务的要求，对方案作出详细的文字说明(包括各项参数)，并绘制出必需的图纸。

### 4.2.3 方案比较法的评价

#### 4.2.3.1 方案比较法的优点

方案比较法的优点是能够考虑各种因素，从质和量两方面来比较评价各种方案，权衡优劣，最终选取符合要求的最佳方案。可以解决各种类型的设计问题，大的如开拓方案的选择，小的如设备的选型等。通过方案的计算可以独立地得出各项经济指标，如基建投资、生产经营费、劳动效率、煤炭损失等，这些指标可以作为考虑其他问题的依据。

#### 4.2.3.2 方案比较法的缺点

方案比较法的主要缺点是初选方案由设计者凭经验进行粗略的分析，在众多的方案中选出 2～3 个设计者认为好的方案，由于设计人员的经验和水平的不同，所提的方案不一定全面，有时可能在初选时就忽略了最优方案，从而选取的方案只能是次优方案。另外，方案比较法的计算工作量大，牵涉面广，计算工作量非常繁重，可先进行相同类型方案内的局部问题(小方案)的比较，得出较合理的方案，而后进行大的方案比较。如在选择立井与斜井方案时，尚有水平数目的合理方案和大巷布置的合理方案等问题。在进行大的方案比较之前，先进行水平高度与水平数目的比较，集中布置、分组集中布置与混合布置的比较，各选出一个较优的方案，带入大方案之中。这样做，既可节省运算工作量，又可能避免遗漏较优越的方案。

#### 4.2.3.3 采用方案比较法应注意的问题

(1) 提出可行方案和技术分析是方案比较的重要步骤和基础，因此，必须认真全面地研究各种条件和因素，不要遗漏方案；对方案中应列入的对比项目，要进行反复核对，以免遗漏。

(2) 在进行经济计算时，只考虑重要项目费用，因为各种费用的重要程度是相对的。例如，费用是几千万元，则几万元的数字比较意义就不大，可以不列入比较。

(3) 相同费用项目可以不比较；对影响不大、差别很小的费用项目也可不进行比较。应当指出，对哪些项目是重要的、影响不大的或相同的，要进行具体分析。在通常情况下，重要项目包括井巷工程费、地面建设费、煤的运输提升费、井巷维护费；而对瓦斯矿井的通风费、涌水量小的矿井的排水费可作为影响不大的项目不予计算。但是，如果比较的方案是专门研究通风或排水问题，则必须进行比较。关于某项费用是否相同的问题，也应具体问题具体分析，例如，两方案相同的井底车场及地面设施，当两方案井型相同时，可看作相同的项目不予比较；但如两方案的井型不同，则分摊于吨煤生产能力的投资就不同，不能认为是相同的项目，而必须进行全面的计算和比较。

(4) 生产经营费用，一般是按一个水平或全矿服务期间的消耗总值计算。对于各项费用单价的选取必须比较可靠，并应适合比较方案的自然和技术条件，而且应当出自同一标准，尽可能使方案比较的数字和结果符合客观实际，否则，单价本身不准确，比较结果也就会失去意义。

(5) 在进行大的方案比较之前，可先把一些相同类型的局部方案进行比较，求出合理的局部方案后，再进行整体的方案比较。

(6) 在进行经济比较时，应将基本建设费用与生产经营费用分别列出。因为基本建设费用是以投资或贷款的形式集中拨发的，要考虑发挥投资效果，而生产经营费用则是逐年列入付出的。此外，还应把基本建设费用的初期投资和后期投资分别列出，以利于全面分析经济效果，得出比较优越的方案。

(7) 将各方案的矿井建设期限分析计算出来，作为方案比较的因素之一。因为缩短建设工期不仅可以提前为国家供应煤炭，还可节约施工费用。

(8) 各方案的差别以百分比表示，将总费用最小的方案定为100%，其他各方案的费用与其相比较。如果各方案在经济上相差不大，就要根据技术上的优越性、初期投资的大小、施工的难易程度、建设期的长短、材料设备供应条件等因素，综合考虑，合理选定。

(9) 由于原始资料不可能十分精确(例如费用单价、煤层储量和煤层赋存条件等)，所以计算出的费用是有误差的，误差一般估计为10%以下，这样，如果两个方案费用差额不超过10%时，即认为此两方案在经济上是等价的。有些项目的设计方案虽然相差在10%以内，但差值的绝对额很大时，也不能忽略，此时应以差值额作为对比的标准。

(10) 在进行最终评价时，一要正确估计各项影响因素在所研究方案中的重要程度，以便根据给定的目标选取最优方案。对于一个具体的煤炭企业而言，经济评价虽然是确定方案的主要标准，但不能作为唯一的标准。应根据具体情况，综合分析研究各影响因素的主次关系，择优选用。

### 4.2.4 矿井开拓方案技术比较

#### 4.2.4.1 技术比较的主要内容

(1) 确定矿井的可靠性和稳定性。结合井田划分、煤层赋存特征，分析保证矿井设计生产能力的可靠性和稳定性，初期能否迅速地出煤和达到设计生产能力；达产后是否能保持长期稳定的生产和增产；两翼能否均衡生产，厚、薄煤层及各煤种的搭配；水平是否有足够的服务年限等。

(2) 有利于安全生产。在开拓方案中应充分考虑到防水,防火,防瓦斯、煤尘爆炸和突出及高温热害处理。开拓系统要与通风系统统一考虑,保证生产安全可靠。

(3) 矿井水文地质条件。详细研究井巷穿过地层的地质水文条件,特别注意含地下水的厚表土、石灰岩或其他富含水岩层、喀斯特溶洞、老空区、膨胀软岩或松散岩层及大的断裂构造。

(4) 初期采区及采煤工作面的位置。分析煤层条件,合理选择初期采区及采煤工作面的位置,以保证迅速达产、高产高效。开拓方式和井口位置要与初期采区统筹考虑,以达到工期短、投资少、达产快、效益好。

(5) 集中生产。开拓方案要在矿井使用先进技术的基础上,实行集中生产达到高效。

(6) 井口位置。有条件时井口应选在地形平坦便于工业场地布置的地带,并距首采区最近。要综合考虑防洪、排涝,同时要避开滑坡、岩崩、雪崩、泥石流等自然灾害,工程地质要有利于防震、抗震,尽量避开砂土液化地带。

(7) 开拓布置要考虑初期不迁或少迁村庄,尽量不占或少占良田。

(8) 少压煤、不压煤或少压开采条件好的煤是开拓方案技术分析的重要内容。此外,也要保证国家规定的重要建筑物和构筑物以及江河湖海下安全开采的可能性与经济性。

(9) 满足建矿地区环境保障的要求。

(10) 要符合矿区总体设计(供电、供水、运输、居住区、辅助企业等)要求及其他外部条件的影响。

以上诸因素直接或间接地对经济效益产生重大影响。有的因素可以定量地表现为经济效益。有的只能定性,但有时却是选择开拓方式的决定性因素。如在含地下水的厚表土的矿井只能用立井开拓,有时根据地区环境保护要求,井筒位置要离开经济合理的地点;若井底为含水丰富的石灰岩时,井底水平应在其上部设置,并使井筒底部不受承压水威胁等。全面考虑和具体分析影响开拓方式的各种因素,找出一个或几个确定开拓方式的关键性因素,再配合经济比较就能合理地确定开拓方案。这种技术分析工作是任何用数学方法选择开拓方案的方法所不能代替的。所以,只有在全面技术分析的基础上各种数学方法才能在其特定的范围内发挥应有的作用。

#### 4.2.4.2 技术比较时的注意事项

(1) 生产高度集中化

国内外矿井的发展趋势是向集中化方向发展,并且已经出现了若干一井一面高度集中的大型现代化矿井。对每个矿井都需要根据它的客观条件进行具体分析,确定合理的集中化生产。要从工作面、采区、水平和矿井生产能力等四个方面进行集中化的研究。例如,只要地质条件允许,综采采区单翼推进长度应向 2 000 m 以上发展。

(2) 开采系统合理化

通过方案比较,合理地选择开拓方式、井筒位置和个数、水平和大巷位置、采区和工作面布置。在集中化生产的基础上尽量简化开采系统。初期采区要选择条件好、容易实现高产的地段。初期达产的采区和工作面要布置在井底车场附近,以减少初期工程量并缩短建井工期。第一水平的采区按前进式或中央采区布置的原则,同时要兼顾后期开采系统的合理性。改革巷道布置,尽量多做煤巷、少做岩巷。

(3) 采掘综合机械化

凡是有条件的煤层都应推广综合机械化开采技术，这是生产集中化高效的主要技术保证。在煤巷掘进中积极推广综掘机掘进，有条件的也可采用连续采煤机掘进。

(4) 煤流运输连续化

尽量采用带式运输机运煤，使煤炭从工作面到地面或井底实现连续的带式运输机运输，以保证工作面、采区和矿井的高产高效。

(5) 辅助运输单一化

选择合理的辅助运输方式，创造矿井人员、材料、设备等从井底到工作地点的单一化运输条件，尽量减少转换环节，提高运输效率。

(6) 提升系统自动化

选择先进的提升及电控设备，实现主、副井提升系统的自动化或半自动化，以保证矿井高效、安全可靠生产。

(7) 辅助生产机械化

各辅助生产环节，如井口操车设备、机修厂、设备材料库的装卸等各种辅助工作全部实现机械化，以消除笨重体力劳动，提高工效。

(8) 地面布置合理化

生产、生活合理分区，矿井地面工业场地根据功能、流程合理布局，尽量减少场地占地面积。同时，工业场地的位置、形式也要考虑有利于开拓和初期采区布置。

(9) 监测监控管理网络化

建立井下安全监控系统、生产过程监控系统、矿井科学管理系统，使各项管理工作和安全监测集中化、现代化、科学化。

(10) 安全环保文明化

认真贯彻安全规程，采取各种综合措施，防治各种煤矿灾害。高度重视环境保护，按国家规定设置相应的工程和设施，并尽可能地绿化、美化工业场地环境，消除或减少污染。

### 4.2.5 矿井开拓方案经济比较

#### 4.2.5.1 *矿井开拓方案经济比较的原则*

(1) 经济测算结果是方案比选的主要依据，方案比选原则应通过国民经济评价结果来确定。但对产出物基本相同、投入物构成基本一致的方案进行比选时，为了简化计算，在不会与国民经济评价结果发生矛盾的前提条件下，也可通过财务评价结果来确定。

(2) 方案比选应遵循效益与费用计算口径一致的原则，必要时应考虑相关效益和费用。

(3) 方案比选应注意各个方案间的可比性。

(4) 方案比选应注意在某些情况下，使用不同指标导致相反结论的可能性。根据方案的实际情况(计算期是否相同，资金有无约束条件及效益是否相同等)选用适当的比较方法。

#### 4.2.5.2 *矿井开拓方案经济比较中的注意问题*

(1) 方案比选可按各个方案所含的全部因素(相同因素和不同因素)计算各方案的全部经济效益和费用，进行全面的比较(如矿区总体、井田划分、矿区规模、矿井开拓方式、矿井规模)，也可仅就不同因素(不计相同因素)计算相对经济效益和费用进行局部比较(如矿井井下运输方式、提升、排水、通风等方案的比选)。

(2) 各方案设计深度相同。

(3) 各方案效益和费用的计算范围一致。

(4) 各方案效益和费用的计算基础资料可比,包括售价、设备、材料、工资价格、经营成本等为同一年度价格水平。投资估算所采用的指标、定额及相关规定一致。

(5) 计算期的起始年一致。

(6) 经济比较方法相同。

4.2.5.3 *矿井开拓方案经济比较的方法*

目前,国内外常用的方案经济比较方法有两大类:考虑资金时间价值的动态分析方法和不考虑资金时间价值的静态分析方法。根据我国煤炭行业建设的特点,常用的动态分析方法有净现值法、差额内部收益率法、最小费用法;静态分析方法有静态差额投资收益率法和静态差额投资回收期法等。

## 4.3 矿井开拓设计方案比较内容

### 4.3.1 井田开拓方式

不同的矿井开拓方案除开拓形式不同外,各方案的经济总量相差可能较大。在方案比较法中,井田的开拓方式比较的项目内容见表 4-1。

### 4.3.2 井口位置及数量

当开拓井筒形式不同时,井筒形式和位置的方案应结合在一起全面比较。形式相同的方案位置需单独比较。无论形式或位置比较时,都要包括井筒(硐)数量的比较。

井筒形式方案比较的内容,见表 4-2。

### 4.3.3 开采水平

开拓方案中开采水平的划分在不同方案比较的项目内容见表 4-3。

### 4.3.4 大巷布置

4.3.4.1 *运输大巷布置方案比较内容*

开采煤层群可采用集中运输大巷、分组运输大巷或分煤层大巷等方式。大巷可布置在岩层中也可布置在煤层中,如果两种方式均可行的话应优先选择煤层大巷。需要比较的内容见表 4-4。

**表 4-1　　井田开拓方式方案比较内容**

| 项　目 | 比较内容 |
| --- | --- |
| 矿井设计生产能力 | 生产能力;服务年限、均衡生产年限、第一水平服务年限 |
| 采区及工作面 | 初期移交生产和达到设计生产能力时采区数量、位置、探明的和控制的储量、服务年采区接续;采煤工作面数目、分布及其装备水平、长度、年推进度、总长度 |
| 提升系统 | 主、副井井筒(硐)数量、长度及布置;提升容器及数量、能力 |
| 通风系统 | 风井、总回风道数量及工程量;通风设备及构筑物 |

续表 4-1

| 项　目 | 比　较　内　容 |
|---|---|
| 压风系统 | 压风设备及构筑物 |
| 供电系统 | 供电负荷；输变电线路及设备 |
| 地面运输 | 铁路接轨点、线路选择及长度；公路线路选择及长度；桥涵设置 |
| 地面建筑 | 行政生活建筑；居住区建筑及设施；通勤设备 |
| 工业场地及占地 | 工程地质条件、工业场地布置；供电、供水、通信、公路、排矸系统；环境保护措施、井口及工业场地占地；铁路、公路、居住区占地 |
| 井巷工程量 | 移交生产时井巷工程量；达到设计生产能力时总井巷工程量 |
| 劳动定员 | 原煤生产人员、服务人员、其他人员、矿井总定员 |
| 劳动生产率 | 全员效率 |
| 基建投资/万元 | 移交生产时投资；达到设计生产能力时总投资；吨煤投资 |
| 建设工期 | 移交生产时连锁工程工期、总工期 |
| 原煤成本 | 吨煤成本 |
| 返本期 | 基建投资返本期 |

表 4-2　　井筒形式方案比较内容

| 项　目 | 比　较　内　容 |
|---|---|
| 井筒特征及装备 | 井筒(硐)位置、用途、数目、深度、断面、支护形式及装备 |
| 采区及工作面 | 初期移交生产和达到设计生产能力时采区数量、位置、服务年限、采区接替，采煤工作面数目、分布及其装备、长度、年推进度、总长度 |
| 提升系统 | 提升容器类型及数量；装、卸载设备、提升设备及能力；井塔(井架)结构及建筑体积；大型设备及长材料的提升 |
| 井底车场及硐室 | 井底车场形式、调车方式及通过能力；主井系统硐室(翻笼硐室、卸载坑、煤仓及装载及清理撒煤室)；副井系统硐室(副井与车场连接处、推车机硐室、矸石系统的车场巷道及硐室、清理井底硐室) |
| 运输大巷(石门) | 大巷(石门)断面及支护、布置方式及长度、煤柱 |
| 通风及安全 | 通风方式；风井数量及特征(初期、后期)；总回风道布置、断面及长度；通风网路及风压；安全出口 |
| 施工技术条件 | 冲积层厚度、岩性、涌水量；工业广场的工程地质条件、稳定性及基岩含水性，井筒通过强含水层的技术措施；水、电的输送条件；井筒延深方式；主要施工方案及装备 |
| 煤柱 | 井筒(硐)及工业场地煤柱量；煤质、煤类 |
| 占地 | 工业场地占地及居住区占地；铁路、公路占地；迁村数量及户数 |
| 工程量 | 井筒、井底车场及硐室、运输大巷(石门)工程量；铁路、公路及工业场地土(石)方工程量 |
| 建设工期 | 施工准备工期、井巷连锁工程工期、总工期 |
| 基建投资/万元 | 井巷工程投资(初期、后期)；设备费、安装费；建筑及其他费用 |
| 生产经营费/(万元/a) | 井筒提升费、大巷(石门)运输费、排水费、通风费、地面运输费 |

表 4-3 开采水平划分方案比较内容

| 项目 | 比较内容 |
|---|---|
| 水平划分 | 水平标高;阶段垂高及斜长 |
| 储量及服务年限 | 水平上、下山储量及比例;水平上、下山服务年限、水平均衡生产年限及接替 |
| 工程量 | 井筒、井底车场及硐室工程量(初期、后期);运输大巷(石门)、总回风道工程量(初期、后期);采区准备巷道(石门、煤仓、上下山)工程量 |
| 基建投资/万元 | 井巷工程投资(初期、后期) |
| 建设工期 | 井巷连锁工程工期、总工期 |
| 生产经营费/(万元/a) | 井筒提升费、排水费;大巷(石门)运输费;井巷维护费 |

表 4-4 运输大巷布置方案比较内容

| 项目 | 比较内容 |
|---|---|
| 大巷位置 | 大巷所处层位岩性,有无动压影响 |
| 大巷特征 | 断面、支护形式及数量,大巷运输方式、设备、煤柱 |
| 工程量 | 大巷工程量 |
| 建设工期 | 井巷连锁工程工期、总工期 |
| 基建投资/万元 | 大巷投资(初期、后期) |
| 生产经营费/(万元/a) | 大巷维护费 |

#### 4.3.4.2 总回风道布置方案比较内容

总回风道布置方案的比较内容见表 4-5。

表 4-5 总回风道布置方案比较内容

| 项目 | 比较内容 |
|---|---|
| 布置方式 | 总回风道数量、位置、标高与防水煤(岩)柱的关系 |
| 工程量 | 巷道断面、支护形式 |
| | 巷道长度、掘进体积 |
| 施工工期 | 井巷连锁工程工期、总工期 |
| 基建投资/万元 | 巷道投资 |
| 生产经营费/(万元/a) | 巷道维护费 |
| 其他 | 安全性 |

### 4.3.5 采区划分方案比较内容

采区划分方案比较内容见表 4-6。

**表 4-6　　采区划分方案比较内容**

| 项　　目 | 比　较　内　容 |
|---|---|
| 采区特征 | 采区数量、各采区产量及服务年限；首采区位置、尺寸 |
| 采区运输 | 采区上(下)山运输方式及装备 |
| 煤柱 | 采区境界煤柱量 |
| 工程量 | 采区准备巷道(石门、煤仓、上山、回风道)、回采巷道工程量 |
| 建设工期 | 采区贯通工期、总工期 |
| 基建投资/万元 | 巷道投资 |
| 生产经营费/(万元/a) | 巷道维护费 |

## 4.4　矿井开拓设计方案比较示例

### 4.4.1　矿井基本资料

4.4.1.1　井田概况

某矿位于丘陵地带，井田范围内地形起伏较大，仅井田南部靠近井田边界处地势较为平坦，可作为工业广场选址。地面标高+1 460～+1 850 m，井田南部境界外有北汭水河流过，如图 4-1 所示。井田走向长度 4.00～8.50 km，倾斜长度 1.40～4.40 km，面积约为 25 $km^2$。

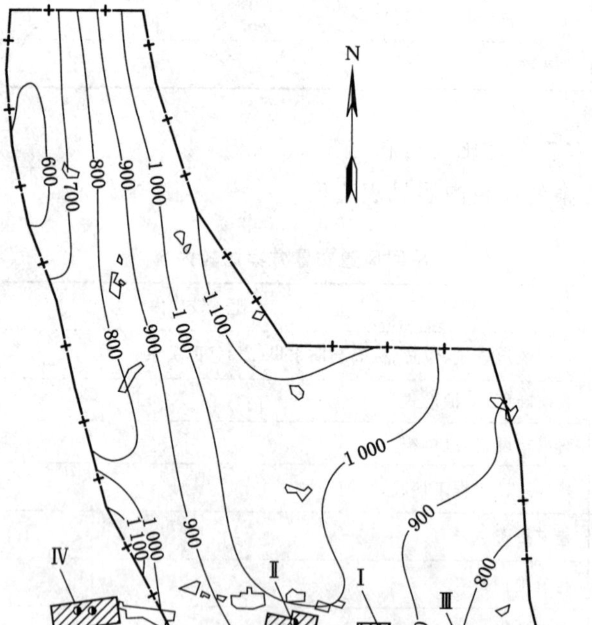


图 4-1　井田及工业广场位置图

Ⅰ——庞家磨场地；Ⅱ——何家庄场地；Ⅲ——曹家园场地；Ⅳ——任家磨场地

4.4.1.2 井田内可采煤层

井田内煤层结构复杂，厚度变化大，主采5煤厚度0.02～83.00 m，平均厚度33 m，仅在西部局部不可采。次开采3煤厚度0～4.50 m，平均厚度1.58 m，在东南部分布不均匀、不连续、不稳定，灰分高，不适宜开采；西北部具有一定的开发价值，可采储量17.2 Mt。主要开采煤层5煤的赋存特点简述如下：

(1) 东区块段煤层条件好，平均厚度35.50 m，倾角6°～9°，面积9.70 $km^2$，可采储量317.20 Mt。

(2) 北区块段煤层条件好，平均厚度18.80 m，倾角10°～25°，面积5.10 $km^2$，可采储量84.10 Mt。

(3) 南区临近北汭水河，煤层平均厚度32.00 m，倾角5°～11°，面积5.50 $km^2$，可采储量130 Mt。

(4) 西区块段煤层结构复杂，煤层厚度变化大且有分叉现象，此区煤层位于西部向斜轴两翼，煤层倾角变化大，面积约3.40 $km^2$，可采储量25 Mt。

全矿井地质储量916 Mt，其中5煤888 Mt，3煤28 Mt。

本矿井属瓦斯矿井，煤尘有爆炸危险，矿井水文地质条件简单，正常涌水量110 $m^3/h$，最大涌水量135 $m^3/h$；煤质属低灰、低磷、低硫、中发热量的长焰煤，是良好的动力和化工用煤。井田内煤层赋存深，覆盖层厚度在500 m以上，表土含水丰富。甘肃群下部的砂岩结构松软、含水丰富，井筒施工困难。

根据该矿自然条件，考虑技术经济合理性，对开采设计方案的主要原则问题确定如下：该矿煤层赋存稳定，储量丰富，地质构造及水文地质条件相对比较简单，除了东部的向斜和中部的背斜外，井田内无大断层，具有采用机械化采煤的条件；煤层瓦斯含量低，煤质好，具有较好的铁路外运条件，有加大开发强度的必要。根据井田可采储量，遵照《煤炭工业矿井设计规范》规定，将井型定为4.00 Mt/a，经济上较为合理。考虑1.4的储量备用系数，矿井的服务年限为99 a。

### 4.4.2 矿井开拓方案设计

4.4.2.1 井筒的形式和井口位置

5煤底板标高为+600～+1 000 m，覆盖层厚，表土含水丰富，甘肃群砂岩层强度低，富含水，厚度达120 m左右。排除使用斜井开拓方式，选用立井开拓方式。

关于井口和地面工业广场位置问题，由于井田东、北、西及中部地形起伏落差大，不便于布置工业广场及解决地面运输，而在井田南部沿北汭水河一带地势较为平坦，且便于与现有的准铁路接轨，取水方便；东南块段煤层条件又好，是理想的首采区，把井筒和工业广场的位置设于井田南部较为适宜。井口和工业广场位置合适的地点有Ⅰ、Ⅱ、Ⅲ、Ⅳ四处场地可供选择。相比之下，场地Ⅲ偏离储量中心远，压煤量大，建工业广场还须搬迁一个小村庄，故最后选定Ⅰ、Ⅱ、Ⅳ三个场地作为比较方案的井口和工业广场位置。

考虑到井田尺寸长、大，井型又大，因此结合井下的开采部署，前期可采用中央并列式通风，矿井生产后期，在适当地点开凿分区进风井和回风井，采用分区式通风，有利于解决后期通风线路过长、通风费用过高的问题。

4.4.2.2 开采水平数目和标高

井田内主采煤层5煤的储量约占井田全部储量的96%，是开采水平服务的主要对象。

设置水平时应以5煤为主兼顾3煤开采。该井田煤层倾角一般为6°～15°,倾斜长度在1 400～4 400 m。从矿井的实际出发,考虑到合理的采区上、下山长度和上、下山煤量的比例,全矿设置一个水平开采全井田。井田的东南部斜长较长,可根据开采部署增设辅助水平进行开采。为此,针对水平标高的确定,提出三个可行方案:

方案甲:水平标高定为＋940 m。首采区上、下山长度分别为1 700 m和1 580 m,能满足现有提升、运输和辅助运输设备的要求。全井田上山和下山储量分别为258 Mt和278 Mt,上、下山储量比例适宜,但副井井底和井底车场连接处围岩条件差,断面大时施工困难,施工难度大。

方案乙:水平标高定为＋930 m。首采区上、下山长度分别为1 560 m和1 720 m。全井田上山和下山储量分别为282 Mt和255 Mt,上、下山长度和上、下山储量皆宜,且副井井底和井底车场连接处围岩条件好,也有利于车场和主要硐室布置。

方案丙:水平标高定为＋915 m。上、下山长度和上、下山储量都能满足生产和设备的要求,但井底围岩条件差,不利于车场和主要硐室的布置。

结合比较,确定使用方案乙＋930 m水平较为合适。

4.4.2.3 开采水平的巷道布置

根据井田内煤层的赋存状况,拟定出三个矿井开拓方案。

4.4.2.4 开拓方案概述

(1) 方案一

井口及工业广场选择在场地,立井单水平开拓开发全矿井。主、副井井口标高＋1 480 m,主、副井落底后下设＋930 m水平环形车场;＋930 m水平轨道大巷按3‰流水坡度掘进,胶带大巷沿5煤底板掘进,回风大巷沿5煤中部布置,大巷与井底车场之间采用轨道石门、进风石门与上仓胶带巷连接。矿井初期采用中央并列式通风系统、抽出式通风方式,矿井后期采用分区式通风系统,即在井田北部再凿一对进回风井;全井田共划分为13个采区,其中5煤10个,3煤3个,矿井移交的首采区为东一、西一两个采区。井田开拓方案平面图,如图4-2所示。

(2) 方案二

井田及工业广场选择在井田外的场地,也为立井单水平开拓。主、副井井口标高＋1 150 m,井底设＋930 m水平环行井底车场。在井田中部背斜的西翼,基本沿煤层走向设＋930 m水平轨道大巷,沿5煤底板布置胶带大巷,沿5煤中部布置回风大巷。大巷的东侧,布置两条穿过背斜的东西向轨道石门,分别服务于北二、北四两采区,大巷与井底车场间采用轨道石门、进风石门和胶带石门联系。矿井生产初期采用中央并列式通风,后期采用中央边界式通风,即在井田的东、北部各开凿一个回风井回风。全井田共划分15个采区,其中5煤11个,3煤4个,北一、北三采区为首采区。矿井开拓方案见图4-3。

(3) 方案三

井口及工业广场选择在场地,采用立井开拓。主、副井井口标高＋1 510 m,车场水平标高＋1 030 m,设置环行井底车场。全矿采用＋1 030 m水平和＋930 m辅助水平开采。在井田中部背斜轴部附近,设南北向＋1 030 m水平轨道大巷,沿5煤底板设胶带大巷,沿5煤中部设回风大巷,在井田中部设置＋930 m辅助水平,主运输利用北四采区的集中胶带下山连接＋930 m和＋1 030 m水平,辅助运输以暗斜井连接。矿井初期采用中央并列式通风,

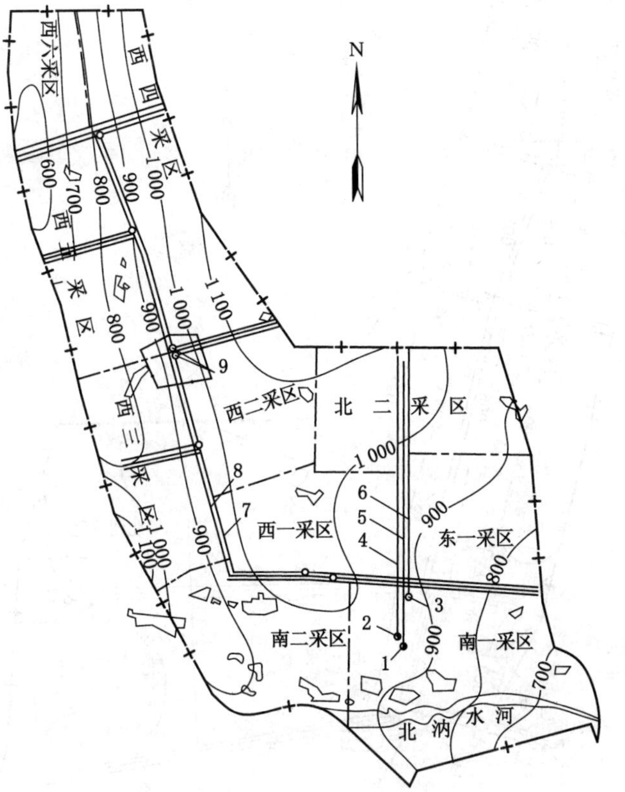


图 4-2　井田开拓方案一平面图

1——主立井；2——副立井；3——回风立井；4——+930 m 水平东部轨道大巷；
5——东部带式运输机大巷；6——东部回风大巷；7——+930 m 水平西部轨道大巷；
8——西部带式运输机大巷；9——后期进、回风立井

后期在井田北部凿一对进、回风井，使用分区通风系统。全矿井共划分为 15 个采区，5 煤 11 个，3 煤 4 个。开拓方案见图 4-4。

### 4.4.3　开拓方案比较

#### 4.4.3.1　开拓方案技术比较

上述三个方案在技术上各有特点，现分析比较如下：

(1) 压煤方面

方案一和方案三工业广场煤柱约 23 Mt，压煤量大；方案二工业广场不压煤，有利于提高资源回收率。

(2) 建井工期

方案一、方案三井巷贯通距离短，建井工期短，投产快。

(3) 均衡生产

方案一首采区煤层条件好，能迅速达产，两翼同时生产保证生产稳产和高产；方案三后期为单翼生产，产量不均衡；方案二首采区煤层条件差，对达产不利。

(4) 运输方面

方案一运输环节少，反向运输量小；方案二与方案三上下山反向运输量大。方案二运输

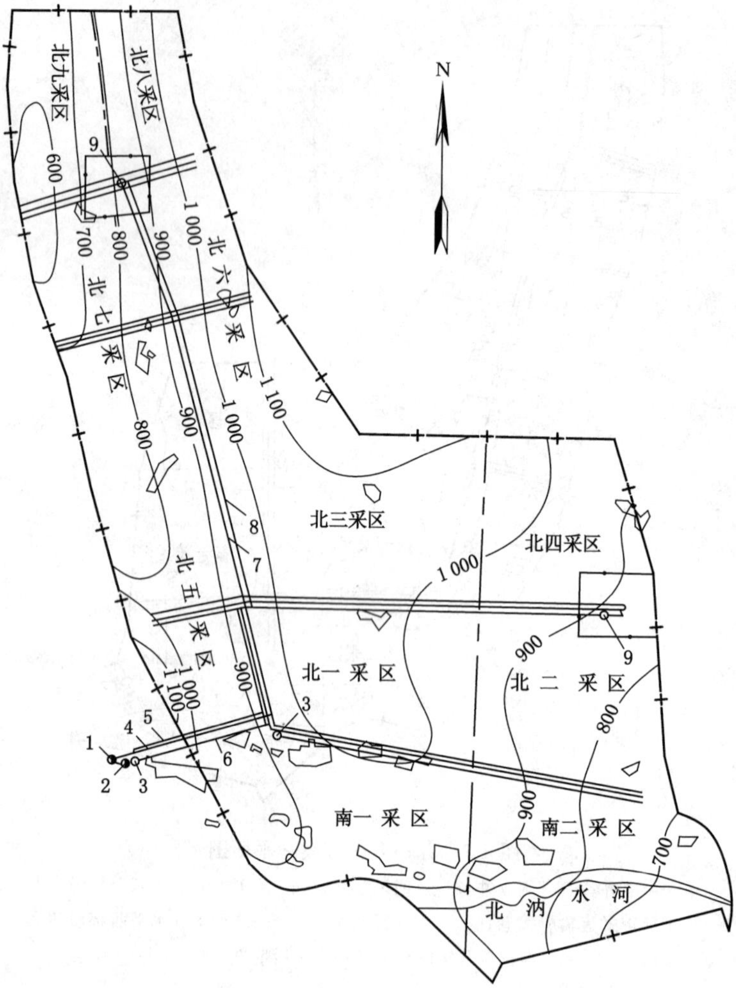


图 4-3　井田开拓方案二平面图

1——主立井；2——副立井；3——回风立井；4——＋930 m 水平东部轨道大巷；
5——＋930 m 水平进风石门；6——＋930 m 水平带式运输机石门；7——＋930 m 水平轨道大巷；
8——＋930 m 水平带式运输机大巷；9——后期进、回风立井

环节多。

(5) 基建投资

方案一较方案二、方案三基建投资省。

(6) 外部条件

方案一、方案三铁路进线短，方案二供水线路短。

#### 4.4.3.2　开拓方案经济比较

三个方案各有利弊，需进行经济比较才能确定优劣。

方案经济费用比较主要有基本建设费用和生产经营费用。其中，基本建设费用有井巷开凿费、建筑物及结构物修建费和一些特殊的设备费等；生产经营费用包括巷道维护费、提升费、运输费、排水费、通风费等。三个方案投资费用比较，见表 4-7 和表 4-8。

通过以上技术经济比较可以看出，方案一在基本建设费用、生产经营费用方面都是有利

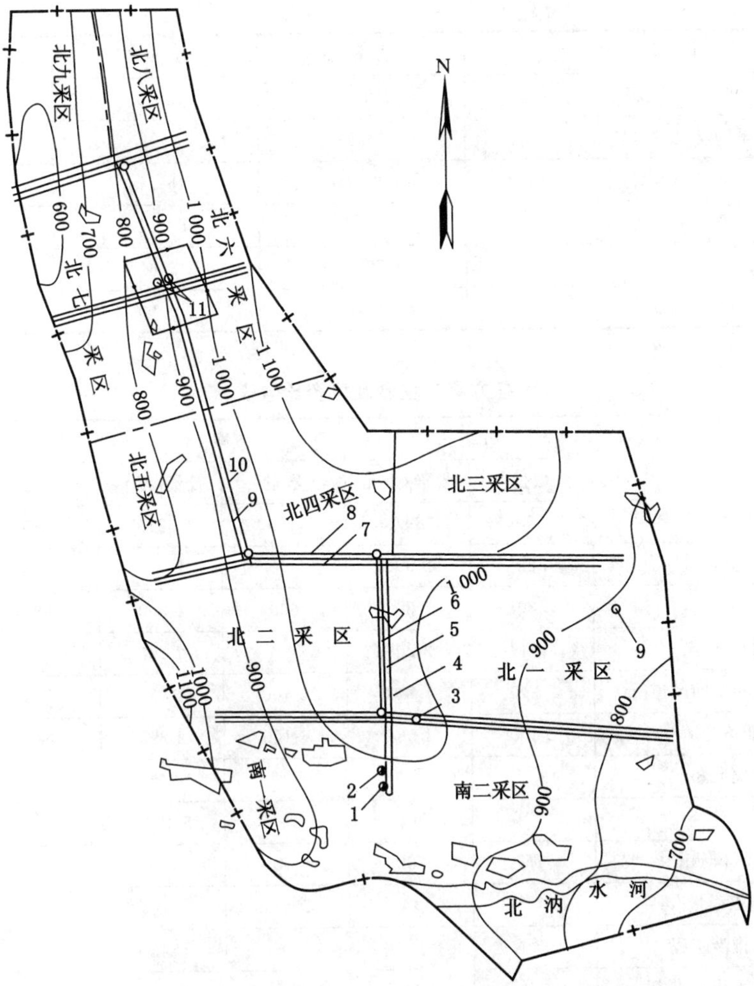


图 4-4　井田开拓方案三平面图

1——副立井；2——主立井；3——回风立井；4——回风大巷；5——+1 030 m 水平轨道大巷；6——带式运输机大巷；7——+930 m 水平材料暗斜井；8——集中带式运输机下山；9——+930 m 水平轨道大巷；10——北部带式运输机大巷；11——后期进、回风立井

的，故确定采用方案一。

本节是用方案比较法解决矿井开采设计的一个简化了的示例。对于一个具体的矿井，其客观条件是很复杂的，因此在研究开采设计方案时，应全面深入地研究各个方案的具体内容，进行详细而正确的计算，以使所研究的问题获得正确的解决。

**表 4-7**　　**各方案投产 20 年内生产经营费比较表**　　万元

| 项　目 | 方案一 | 方案二 | 方案三 |
|---|---|---|---|
| 矿井提升费 | 721.89 | 769.94 | 661.95 |
| 矿井带式运输机运营费 | 311.33 | 631.52 | 450.44 |
| 矿井辅助运输费 | 124.48 | 167.10 | 158.18 |

**续表 4-7**

| 项　目 | 方案一 | 方案二 | 方案三 |
|---|---|---|---|
| 矿井主排水费 | 121.33 | 128.99 | 108.59 |
| 平面辅助排水费 | 20.57 | 30.17 | 45.24 |
| 矿井通风费 | 127.89 | 167.74 | 131.91 |
| 巷道维护费 | 371.14 | 501.23 | 423.45 |
| 合　计 | 1 797.60 | 2 396.74 | 1 979.80 |
| 吨煤生产运营费/(元/t) | 4.50 | 5.99 | 4.95 |

**表 4-8　　各方案工程量及投资比较表**

| 项　目 | | 方案一 | | 方案二 | | 方案三 | |
|---|---|---|---|---|---|---|---|
| | | 数量 | 投资/万元 | 数量 | 投资/万元 | 数量 | 投资/万元 |
| 井巷工程 | 主井/m | 550 | 1 897.5 | 470 | 1 621.5 | 485 | 1 673.25 |
| | 副井/m | 582 | 2 390 | 500 | 2 050 | 520 | 2 132 |
| | 风井/m | 520 | 1 300 | 600 | 1 500 | 480 | 1 200 |
| | 井底车场 | | 2 200 | | 2 200 | | 2 200 |
| | 主要运输巷及回风道/m | 2 300 | 1 748 | 6 400 | 4 864 | 800 | 2 128 |
| | 采区准备巷道/m | 2 800 | 1 568 | 4 100 | 2 296 | 4 99 | 2 352 |
| | 井筒装备 | | 800 | | 905 | | 870 |
| | 合计 | | 11 903.5 | | 15 436.5 | | 12 555.25 |
| 工业场地运输工程 | 占地面积/$km^2$ | 15 | 750 | 14 | 700 | 16 | 800 |
| | 土石方工程量/$m^3$ | 110 000 | 44 | 120 000 | 48 | 130 000 | 52 |
| | 防洪排涝工程 | | 180 | | 245 | | 260 |
| | 铁路专用线总投资 | | 3 900 | | 5 100 | | 4 500 |
| | 场外公路总投资 | | 120 | | 230 | | 160 |
| 供电通信线路投资 | | | 176 | | 189 | | 205 |
| 供水管路投资 | | | 400 | | 300 | | 450 |
| 主、副井提升设备投资 | | | 2 460 | | 2 340 | | 2 270 |
| 基建投资合计 | | | 19 933.5 | | 24 588.5 | | 21 252.25 |

# 5 矿井准备方式

根据煤层的赋存条件,矿井准备方式可分为采区式、盘区式与带区式准备方式。设计本章内容时,应根据第4章所确定的矿井开拓方案,选择合理的矿井准备方式,并对首采(盘)区或带区进行详细设计,按首采(盘)区或带区煤层的实际赋存情况绘制图纸。主要内容包括:

(1) 确定采(盘)区或带区的走向长度,采(盘)区的区段斜长和数目或带区内的分带斜长和数目,确定各种煤柱尺寸。

(2) 采用采(盘)区准备方式时,确定采(盘)区上(下)山,区段平巷、区段集中巷和它们之间的联络巷道的形式、位置和布置方式;采用带区准备方式时,确定分带斜巷、分带集中巷和它们之间的联络巷道的形式、位置和布置方式。

(3) 确定采(盘)区或带区内工作面的接替顺序。

(4) 确定采(盘)区或带区通风系统、运输(煤、矸、人员及材料设备)系统和排水系统。

(5) 绘制采(盘)区或带区巷道布置及设备布置平面图及剖面图。

(6) 确定巷道支护方式,绘制主要准备巷道断面图。

## 5.1 准备方式概述

除近水平煤层以外,井田一般按一定标高划分成若干个阶段。阶段内可有采区式、分段式和带区式三种准备方式。分段式准备适用于走向尺寸很小的井田;我国大多采用采区式准备,即在阶段内沿走向划分成若干生产系统相互独立的采区;倾角在12°以下的煤层可采用在大巷两侧直接布置工作面的带区式准备。带区式准备时,可以是相邻两个分带组成一个采准系统,合用一个煤仓;也可由相邻的多个分带组成一个采准系统,开掘为多分带服务的准备巷道。

在近水平煤层中,由于倾角很小,且常有波状起伏,井田很难沿一定走向划分阶段,因而将井田直接划分为盘区(或带区)。盘区内的准备也有其一定特点,可有上(下)山盘区与石门盘区等不同准备方式。

石门盘区准备方式的主要特点是倾角很小时,可以将盘区运输上山改为盘区运输石门,机车直接进入盘区运输石门进行装车,取消了上山胶带运煤的运输环节,简化了生产系统。近水平煤层井田直接划分为带区时,其准备方式与阶段内带区式准备基本相同。

### 5.1.1 上山采(盘)区与下山采(盘)区准备

按开采方式的不同,采(盘)区准备方式有上山采(盘)区与下山采(盘)区准备两种方式。

当煤层倾角较小(一般小于16°)时,可利用开采水平大巷来分别开采上、下山采区。开采水平标高以下的采区称下山采区,采区内布置采区下山准备巷道,采出的煤通过下山运至开采水平;反之,称为上山采区。当煤层倾角较大时采用下山开采。掘进、运输、通风、排水等困难较大时,一般只采用上山采区。

近水平煤层条件下,大巷照例布置在井田中部,向两侧发展布置盘区。按煤层倾向,分别划分为上山盘区或下山盘区。

同样,带区式准备时,开采水平可分别开采上山式带区和下山式带区。

### 5.1.2 单翼采区与双翼采区准备

双翼采区是应用最广泛的一种准备方式。其特点是采区上(下)山布置在采区中部为采区两翼服务,相对减少了上山及车场的掘进工程量。

当采区受自然条件(如断层)及开采条件(如留有保护地面设施的煤柱)影响,走向长度较短,可将上(下)山布置在采区一侧边界,此时采区只有一翼,称为单翼采区。上(下)山布置在采区近井田边界方向一侧称前上(下)山单翼采区;反之,称后上(下)山单翼采区。采用前上(下)山时,煤炭运输有折返现象,会增加运输工作量,如何选择要根据具体情况而定。如采区一侧边界为保护煤柱,则可将上(下)布置在煤柱内,以减少煤炭损失。

同样,石门盘区准备时,也有双翼盘区和单翼盘区之分,但更多的是双翼盘区。

### 5.1.3 单层准备与联合准备

单层准备即各煤层独立布置自己的准备巷道,生产系统不互相依赖。

联合准备即几个煤层组成一个统一的采准系统;准备巷道一般为几个煤层共用,集中成为一个采区。

联合准备又可分为集中上山联合准备和集中平巷联合准备两种基本形式,后者包含前者。

集中平巷联合准备方式与厚煤层采用分层同采集中平巷布置方式基本相同,只不过前者是近距离各煤层的集中布置,后者是厚煤层各分层的集中布置。

煤层群相邻分带带区式准备,同样也可有分带单层准备与分带集中斜巷联合准备。

## 5.2 准备巷道布置方案分析

### 5.2.1 采区上山布置

#### 5.2.1.1 采区上山的位置

(1) 煤层上山

采区上山沿煤层布置,掘进容易、费用低、速度快,联络巷道工程量少。其主要问题是煤层上山受工作面采动影响较大,生产期间上山的维护比较困难,特别是在缺乏先进支护手段的情况下。虽然用加大煤柱尺寸可以改善上山维护,但会增加煤炭损失。因此,一般在下列条件下可考虑布置煤层上山:

① 开采薄或中厚煤层的单一煤层采区,采区服务年限短。

② 开采只有两个分层的单一厚煤层采区,煤层顶底板岩石比较稳固,上山不难维护。

③ 煤层群联合准备的采区,下部有维护条件较好的薄及中厚煤层。

④ 为部分煤层服务的、维护期限不长的专用于通风或运煤的上山。

(2) 岩石上山

对单一厚煤层采区和联合准备采区，为改善维护条件，目前多将上山布置在煤层底板岩层中，其技术经济效果比较显著。岩石上山与煤层上山相比，维护状况好，维护费用低，受采动影响少。

(3) 上山的层位与坡度

联合布置的采区集中上山，通常都布置在下部煤层或其底板岩层中，其主要考虑因素是适应煤层下行开采顺序，减少煤柱损失和便于维护。否则，为保护上山巷道，必须在其下部的煤层中留设宽度较大的煤柱，并且距上山越远的下部煤层中，所要保留的煤柱尺寸越大。

在下部煤层的底板岩层距涌水量特别大的岩层很近，不能布置巷道时，可将采区上山布置在煤层群的中部。

采区上山的倾角，一般与煤层倾角一致；当煤层沿倾斜方向倾角有变化，为便于使用，应使上山尽可能保持适当的固定坡度。另外，在岩层中掘进的上山，有时为了适应带式运输机运煤(≯15°)或自溜运输的需要，亦可采取穿层布置。

### 5.2.1.2　采区上山数目及布置方式

(1) 采区上山条数

采区上山至少要有两条，即一条运输上山，一条轨道上山。随着生产的需要或地质条件的变化可根据需要增加上山数目。

(2) 采区上山布置方式

按采区上山在煤层或岩层中的布置情况及数目，上山布置方式见表 5-1。

**表 5-1**　　**上山布置方式**

| 布置方式 | 图　　示 | 适用条件 |
| --- | --- | --- |
| 两条煤层上山 | 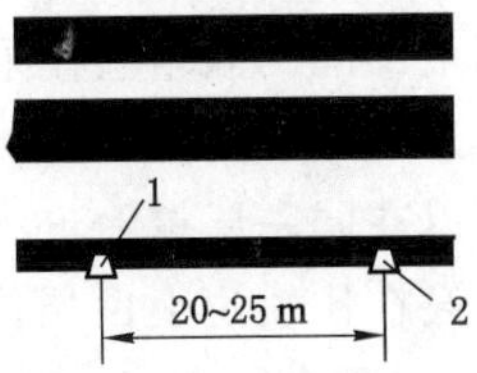 | 单一薄及中厚煤层，煤层群最下一层为薄煤层或产量不大、服务年限不长的采区 |
| 一煤一岩上山 | 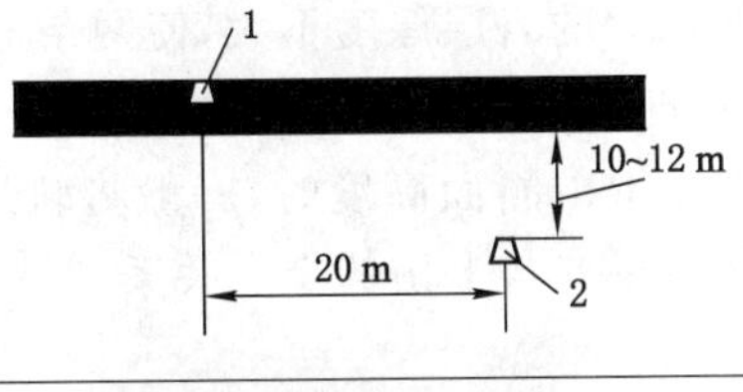 | 煤层群最下一层为维护条件较好的薄及中厚煤层或产量不大、服务年限不长的采区 |
| 两条岩石上山 | 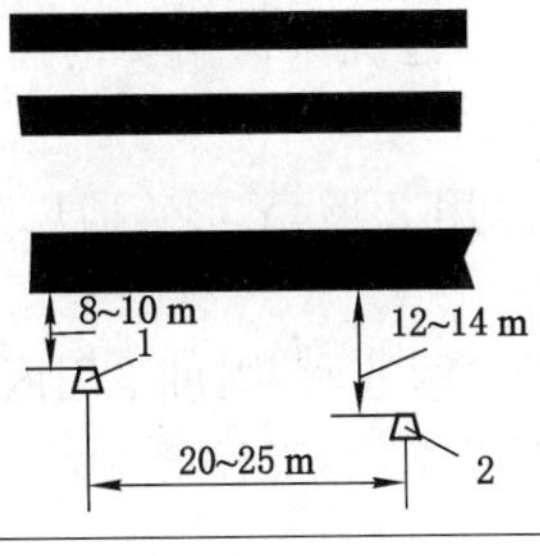 | 煤层群最下一层为厚煤层或开采单一厚煤层的采区 |

**续表 5-1**

<table>
<tr><th>布置方式</th><th>图示</th><th>适用条件</th></tr>
<tr><td>一煤两岩上山</td><td>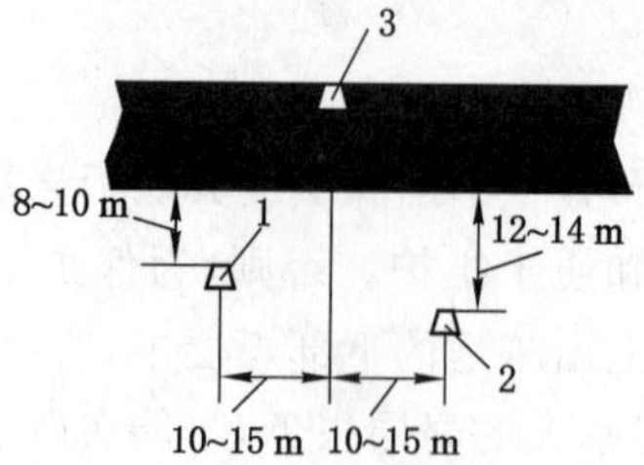</td><td>地质构造和煤层情况需进一步弄清或需在煤层中布置一条通风行人上山为两条岩石上山导向的采区</td></tr>
<tr><td>三条岩石上山</td><td>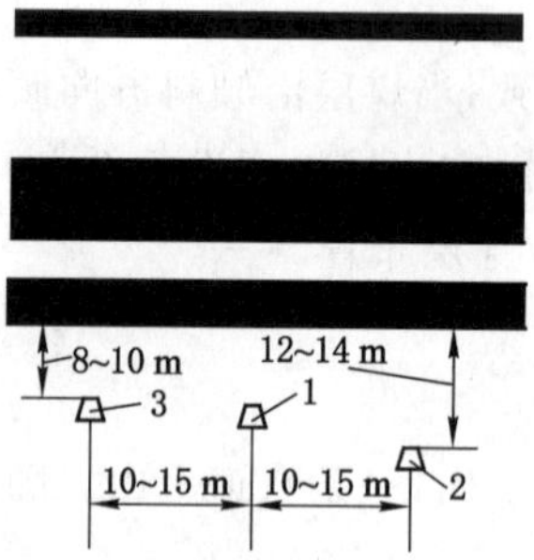</td><td>联合的煤层层数较多，厚度大，产量大，储量丰富，服务年限长，瓦斯大，通风复杂的采区</td></tr>
</table>

注：1——轨道上山；2——运输上山；3——通风、行人上山。

(3) 采区上山的相互位置关系

采区上山之间在层面上需要保持一定的距离。当采用两条岩石上山布置时，其间距一般取 20～25 m。采用三条岩石上山布置时，其间距可缩小到 10～15 m。上山间距过大，使上山间联络巷长度增大，若是煤层上山，还要相应地增大煤柱宽度；若上山间距过小，则不利于保证施工质量和上山维护，也不便于利用上山间的联络巷作采区机电硐室，使中部车场的布置也会遇到困难。

采区上山之间在立面上的相互位置，可以在同一层位上，也可使两条上山之间在层位上保持一定高差。为便于运煤，可把运输上山设在比轨道上山层位低 3～5 m 处；如果采区涌水量较大，为使运输上山不流水，同时也便于布置中部车场，则可将轨道上山布置在低于运输上山层位的位置；若适于布置上山的稳固的岩层厚度不大，使两条上山保持一定高差就会造成其中的一条处于软弱破碎的岩层中时，则需采用在同一层位布置上山方式；当两条上山都布置在同一煤层中，而煤层厚度又大于上山断面高度时，一般将轨道上山沿煤层顶板，运输上山沿煤层底板布置，以便于处理区段平巷与上山的交叉关系。

(4) 设置采区边界上山

有的双翼采区除在中部设置一组上山外，还在采区两翼的边界设置 1～2 条边界上山。设置采区边界上山主要作用是：

① 当采区瓦斯涌出量大，采煤工作面采用 Z 形、Y 形等通风方式时，两翼各需设一条边界回风上山。

② 当采用往复式开采又无条件应用沿空留巷时，则可采用区段有煤柱护巷的往复式开采，这种情况下一般要求在采区一翼开掘两条上山，工程量较大。

5.2.1.3　采区上(下)山运输

采区运输上(下)山是为采区内工作面出煤服务的。其设备的运输能力应大于同时生产的工作面生产能力总和。在设计选择采区上(下)山的运输设备时,机采按工作面的设备能力计算,炮采按采区日产量乘以1.5的运输不均衡系数以及每班运煤时间为5～6 h计算。

开采缓倾斜及倾斜煤层的矿井,其上(下)山的运输设备应根据采区运输量、上(下)山角度及运输设备的性能,选用带式运输机(常用吊挂式)、刮板运输机、自溜运输、绞车或无极绳运输。

## 5.2.2　煤层群区段集中平巷及层间联络巷布置方式

### 5.2.2.1　机轨分煤岩巷布置

这种布置方式是将运输集中平巷布置在煤层底板岩层内,轨道集中平巷布置在煤层内,如图5-1所示。这种方式比双岩巷布置少掘一条岩石平巷,掘进速度较快,可缩短区段准备时间。轨道集中平巷沿煤层超前掘进,可以探明煤层的变化情况,为掘进岩石运输集中平巷时取直、定向创造条件,在下区段投产时,还可以利用轨道集中平巷回风,便于上、下区段同时回采。设置轨道集中平巷后,各煤层区段平巷超前掘进以及回采时期运送材料设备都比较方便。在煤层顶板含水较大的情况下,轨道集中平巷还可作泄水巷,不影响煤的运输。轨道集中平巷布置在煤层中,易受采动影响,维护比较困难。因此,可将其布置在围岩条件较好的薄及中厚煤层中。

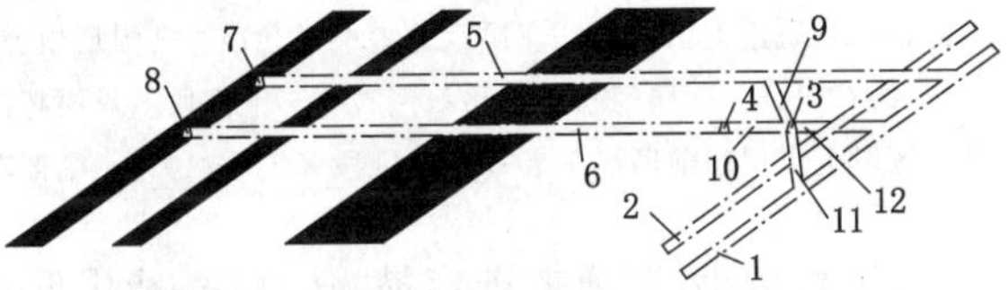


图5-1　机轨分煤岩巷布置

1——运输上山;2——轨道上山;3——岩石运输集中平巷;4——煤层轨道集中平巷;5——层间运输联络石门(斜巷);6——层间轨道联络石门(斜巷);7——上区段上煤层超前运输平巷;8——下区段上煤层超前回风平巷;9——层间溜煤眼;10——区段轨道石门(斜巷);11——区段溜煤眼;12——中部车场

区段集中平巷与超前平巷间的联系方式,根据煤层倾角的大小有石门、斜巷和立眼三种。当煤层倾角比较大,常用石门联系;斜巷适于煤层倾角较小,用石门联系过长的条件时,斜巷倾角一般为20°～25°。

### 5.2.2.2　机轨合一巷布置

这种布置方式是将胶带输送和轨道运输集中在一条断面较大的岩石巷道内,如图5-2所示。

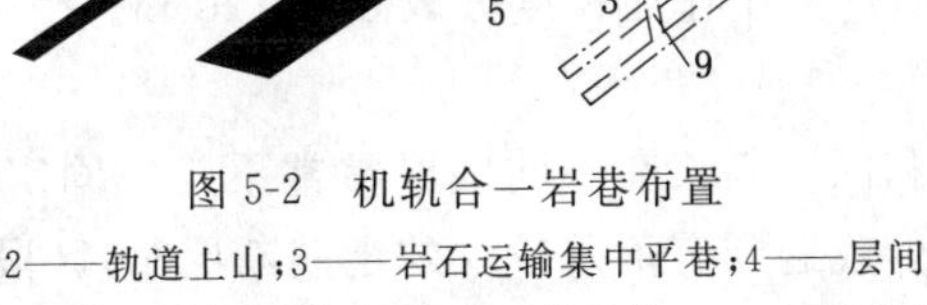


图5-2　机轨合一岩巷布置

1——运输上山;2——轨道上山;3——岩石运输集中平巷;4——层间运输联络石门;5——层间轨道联络石门;6——上区段上煤层超前运输平巷;7——下区段上煤层超前回风平巷;8——层间溜煤眼;9——区段溜煤眼;10——中部车场

机轨合一巷布置可减少一条巷道和一部分联系巷道，掘进和维护工作量较少；巷道选在适宜的位置，可以免受采动影响，节省维护费用；设备集中布置在一条巷道中，可以充分利用巷道断面，带式运输机的安装和拆卸可以利用同一巷道中的轨道运输，比较方便。但机轨合一巷的跨度和断面大，一般净断面积为 9 $m^2$ 左右或以上，没有煤巷定向，巷道掘进层位不好控制，因此施工相对比较困难，进度较慢；当上、下区段需要同时回采时，通风问题较难解决，机轨合一巷与采区上山的连接处，以及与通往煤层超前平巷的联络巷道连接处，有运输机和轨道交叉的问题。

5.2.2.3　机轨双煤巷布置

这种方式是将运输集中平巷和轨道集中平巷都布置在煤层中，如图 5-3 所示。

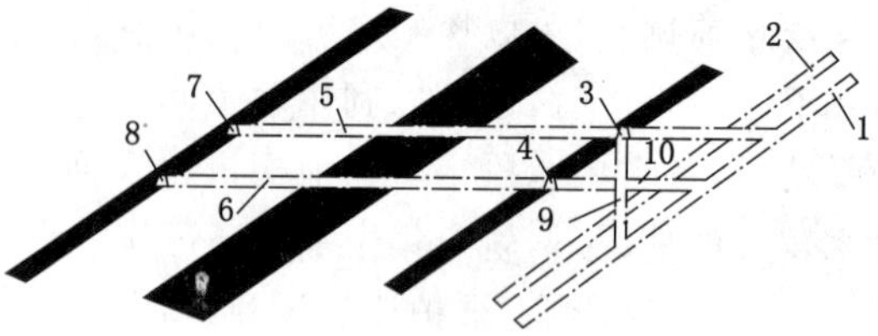


图 5-3　机轨双煤巷布置

1——运输上山；2——轨道上山；3——煤层运输集中平巷；4——煤层轨道集中平巷；
5——层间运输联络石门；6——层间轨道联络石门；7——上区段上煤层超前运输平巷；
8——下区段上煤层超前回风平巷；9——区段溜煤眼；10——中部车场

机轨双煤巷布置，岩石工程量小、巷道掘进容易、速度快、费用低，可以缩短采区准备时间。同时，双巷布置有利于上下区段同时回采，扩大采区生产能力。但在煤层内布置集中平巷，受采动影响大，特别是煤层(分层)数目多，间距又较小时，集中平巷会受多次采动影响，加以集中平巷的服务期较长，维护工程量大，严重时会影响生产。在联合布置的采区内，靠最下部有围岩条件较好的薄及中厚煤层，可以考虑采用双煤巷布置。

## 5.3　采区主要参数

### 5.3.1　采区倾斜长度

采区沿倾斜划分成若干区段进行回采，划分区段时要合理地确定区段斜长和区段数目。区段内安排一个走向长壁工作面，区段斜长等于工作面长度加下一区段平巷宽度和护巷煤柱的宽度。一般地，工作面长度取 10 m 的整数倍。在我国目前开采技术条件下，综采工作面的长度不宜小于 160 m；普通机械化采煤工作面长度对中厚及以上煤层不宜小于 140 m，薄煤层时不宜小于 120 m；炮采工作面长度可取 80～120 m。受断层切割影响时，可适当加长或缩短工作面长度。

实际上，工作面长度和区段斜长在不同区段常常不是一固定数值。当遇到煤层倾角从某部分开始有较大的变化，或遇到有落差较大的走向断层时，区段划分应考虑以地质变化或地质构造作为区段边界，以免影响工作面的正常生产。我国矿井实际的采区倾斜长度多为 600～1 000 m，近水平煤层盘区的倾斜长度较大可达 1 500 m 左右。

### 5.3.2 采区走向长度

#### 5.3.2.1 地质因素

煤层的地质因素，如断层、褶曲以及煤层倾角或厚度的急剧变化等地质因素对采区走向长度有重要影响。工作面通过这些地带，既困难又不安全。对于落差较大的断层，不仅工作面无法通过，而且还要留有一定尺寸的保护煤柱，因此可利用这些地带作为采区边界，以减少回采工作的困难及煤柱的损失。地质构造对采区走向长度往往起决定性的作用。

当由于构造、留设保护煤柱等原因，使采区走向长度较短时，为了保持工作面有一定的连续推进长度，可在采区一侧布置上山，成为单翼采区。

#### 5.3.2.2 技术因素

技术上的因素主要考虑区段巷道的运输、掘进和供电等问题。

以往，区段平巷铺设刮板运输机，采区走向长度受串联运输机台数的限制，一般为800～1 000 m，一翼为 500 m。随着带式运输机的改进和广泛应用，区段平巷多为铺设带式运输机，由于一台带式运输机长度可达 500～1 000 m，所以采区走向长度每翼可以达到 500～1 000 m，双翼采区的走向长度可达 1 000～2 000 m。

区段平巷采用单巷掘进时，受掘进通风影响，采区一翼长度不宜超过 1 000 m。

采区变电所通常设置在采区上(下)山附近，因此确定采区走向长度时，必须考虑供电线路的长短。采区走向长度太大会使供电距离增加，电压降加大，会影响到工作面机电设备的启动。当供电电压为 660 V 时，采区一翼走向长度可达 700 m。

综合机械化开采时，为适应加大工作面推进方向长度的要求，平巷内设置可伸缩带式运输机，供电采用移动变电站，采区一翼长度不宜小于 1 000 m，有条件时可达到 2 000 m 以上。

#### 5.3.2.3 经济因素

在经济上，采区走向长度的变化会引起掘进费、维护费和运输费的变化。采区上(下)山、采区车场和硐室的掘进费和相应的机电设备安装费随采区定向长度的增大而减少；区段平巷的维护费用和运输费随采区走向长度的增加而增大；而区段平巷的掘进费则与采区走向长度的变化无关。因此，在客观上必然存在一个在经济上合理的采区走向长度。

目前，根据我国现场的实际情况，缓倾斜、倾斜煤层采区走向长度，双冀采区一般不宜小于 1 000～1 500 m；采用综合机械化采煤，采区一翼走向长度不宜小于 1 000 m。

近年来由于综合机械化采煤进度加快，采区生产能力逐渐增加，相应要求增大采区走向长度，扩大采区储量，以保证必要的采区服务年限。

合理的采区走向长度，不但要求在技术上切实可行，而且在经济上合理，使吨煤费用降低。为此，可以通过与采区走向长度有关的巷道掘进、维护、运输等费用的计算，选取经济上费用最低的采区走向长度。

采用数学分析法计算采区在经济上合理的走向长度，以图 5-4 所示的单一煤层采区为例加以说明。设采区走向长度为 $x$(m)，斜长为 $h$(m)，煤层生产率为 $P$($t/m^2$)，采区回收率为 $C$，则采区可采储量为 $xhPC$。

随着 $x$ 增加而减少的费用有：

① 采区石门、上山、车场、硐室等的掘进费及其设备安装费 $\sum K_j$。

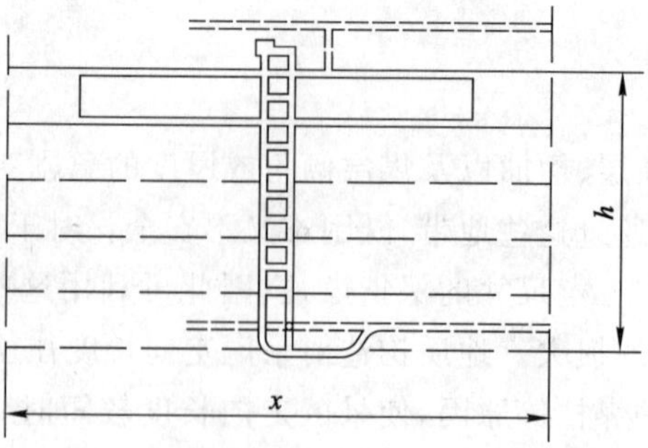


图 5-4 采区走向长度计算示意图

② 采煤工作面搬移费用，包括开切眼掘进费和设备拆装费，每个工作面为 $K_h$，全采区为 $\sum K_h$。

随着 $x$ 增加而增加的费用有：

① 区段平巷的维护费用，按每一翼一条区段平巷的维护长度 $\frac{x}{2}$，平均维护时间 $\frac{1}{2}\frac{x}{2v}$，维护费单价 $w$ 相乘计算。

掘进期间为 $2\frac{x}{2}\frac{x}{4v_1}w_1$（$v_1$ 为巷道掘进速度，m/a）；

回采期间为 $2\frac{x}{2}\frac{x}{4v_2}w_2$（$v_2$ 为工作面年推进度，m/a）；

整个采区的区段平巷维护费用为 $\sum\frac{w_1}{4v_1}x^2+\sum\frac{w_2}{4v_2}x^2$。

② 区段平巷的运输费用，按每翼的平均运输距离 $\frac{1}{2}\cdot\frac{x}{2}$ 乘以采区可采储量和运输费单价 $Y$（$Y$ 为运输单价中与运距无关的部分）为 $\frac{x}{4}xhPCY$。

上述增加和减少的费用相加得出与 $x$ 有关的总费用为：

$$\sum K_j+\sum K_h+\frac{1}{4}\sum\frac{w_1}{v_1}x^2+\frac{1}{4}\sum\frac{w_2}{v_2}x^2+\frac{1}{4}hPCYx^2 \tag{5-1}$$

分摊到每一吨煤的费用则为：

$$f(x)=\frac{\sum K_j+\sum K_h}{xhPC}+\frac{x}{4hPC}\left(\sum\frac{w_1}{v_1}+\sum\frac{w_2}{v_2}\right)+\frac{x}{4}Y \tag{5-2}$$

令 $f'(x)=0$，即可求得使吨煤费用最小的 $x$ 值，令其为 $x_0$，则：

$$x_0=\sqrt{\frac{4(\sum K_j+\sum K_h)}{\sum\frac{w_1}{v_1}+\sum\frac{w_2}{v_2}+hPCY}}=2\sqrt{\frac{\sum K_j+\sum K_h}{\sum\frac{w_1}{v_1}+\sum\frac{w_2}{v_2}+hPCY}} \tag{5-3}$$

上述公式是从吨煤费用最低的观点出发，反映了采区走向长度与各项费用之间的关系。应该指出，采用的方案不同，计算的内容也就不同。例如，当采用区段岩石集中巷时，巷道维护费计算中的维护长度和时间就会不同。因此，首先应研究提出合理的巷道布置方案；其次，对同一方案只需计算主要的费用，没有必要罗列各项有关费用，因此决定计算哪些项目也很重要，比如上式没有计算采区的辅助运输费用和通风费用，如果计算就要改变公式内的项目；由于某些参数（如费用单价）与采区走向长度有关，而寻求其确切关系又很困难，于是只能取近似值，或取近似条件的生产采区统计分析资料，对设计采区不一定完全合适。因此，计算取出的 $x_0$ 值，不能作为一个点对待，应该当作一个合理的范围使用。

对地质构造复杂的矿井，采区划分受地质条件的限制较大，例如有落差较大的断层、煤层倾角沿走向变化很大时，常依据此确定采区走向长度。

### 5.3.3 采区生产能力

采区生产能力的基础是采煤工作面生产能力，而采煤工作面的生产能力取决于煤层厚度、工作面长度及推进度。

#### 5.3.3.1 采煤工作面生产能力

一个采煤工作面的生产能力 $A_0$（万 t/a）为：

$$A_0 = Lv_0 m\rho C_0 \tag{5-4}$$

式中 $L$——采煤工作面长度，m；

$v_0$——工作面年推进度，m/a；

$m$——工作面采高（放顶煤工作面包括顶煤厚度），m；

$\rho$——煤的密度，t/m$^3$；

$C_0$——工作面采出率。

采煤工作面的年推进度一般可达：综采工作面 1 000～1 200 m；普采工作面≥700 m；炮采工作面 420～540 m。

#### 5.3.3.2 采区生产能力

采区的生产能力与采区内同采工作面的个数有关。采区中同时生产的工作面个数一般为 1～2 个。综采时宜为 1 个，普采时宜为 2 个，炮采时可达 2～3 个。

采区生产能力 $A_B$（万 t/a）为：

$$A_B = k_1 k_2 \sum_{i=1}^{n} A_i \tag{5-5}$$

式中 $n$——同时生产的工作面数，个；

$k_1$——采区掘进出煤系数，可取为 1.1 左右；

$k_2$——工作面之间出煤影响系数，$n=1,2$ 时可取 0.95，$n=3$ 时可取 0.9。

#### 5.3.3.3 采区生产能力的验算

对 $A_B$ 需按各环节通过能力进行验算。$A_B$ 应由必要的采区上（下）山运输设备生产能力来保证，即：

$$A_B \leqslant \frac{T\eta_0}{K} A_n \cdot 330 \tag{5-6}$$

式中 $A_n$——设备小时能力，t/h；

$K$——产量不均衡系数，可取 1.2～1.3；

$T$——日工作（出煤）时间，h；

$\eta_0$——运输设备正常工作系数，可取 0.7～0.9。

$A_B$ 还应满足采区通风能力、风量和风速限制的要求，即：

$$A_B \leqslant \frac{300 \times 60 vS}{cc_1} A_n \cdot 330 \tag{5-7}$$

式中 $S$——巷道净断面积,$m^2$;

$v$——巷道内允许的最大风速,m/s;

$c$——日产 1 t 煤的供风量,$m^3/(min \cdot t)$;

$c_1$——风量备用系数(由产量及瓦斯涌出的不均衡性决定)。

采区车场的通过能力,一般不会限制采区生产能力。

### 5.3.4 采区回收率及采区煤柱尺寸

#### 5.3.4.1 采区回收率

采区(煤炭)回收率是指采区储量中所能采出的储量占采区储量的百分比。

采区开采过程中的煤炭损失主要有:工作面落煤损失,占 3%～7%(厚煤层留煤皮或放顶煤开采时另行计算);采区区段煤柱、上下山煤柱、采区隔离煤柱等各项煤柱损失,根据煤柱尺寸不同及考虑煤柱的回收状况分别加以计算。

为了提高回收率,在采区巷道布置中,应力求减少煤柱损失。首先是合理确定煤柱尺寸,或采取措施取消区段煤柱或上下山煤柱;其次是在必须留设煤柱时,尽量提高煤柱的采出率;再就是适当加大采区尺寸、相对减小采区隔离煤柱及上下山煤柱损失所占的比例。

#### 5.3.4.2 采区煤柱尺寸

采区煤柱尺寸与煤柱承受的矿山压力大小和煤体本身的强度有关。煤柱所受的矿山压力越大,采区煤柱的尺寸就应该越大;反之,采区煤柱尺寸应该减小。

上(下)山开掘在煤层底板岩层中,只要有一定的岩柱厚度,其上部煤层就不必留保护煤柱。如在煤层中开掘时,对薄及中厚煤层,上山一侧或两上山之间留设煤柱宽度 20 m 左右;对厚煤层采区上山一侧留设煤柱宽 30～40 m,两上山间留设煤柱宽 20～25 m。

在区段运输平巷和轨道平巷之间留设区段煤柱,对于一般煤质和围岩条件的近水平、缓倾斜及倾斜煤层、薄及中厚煤层不小于 8～15 m,厚煤层不小于 5～20 m。

采区边界煤柱的作用是:将两个相邻采区隔开,防止万一发生火灾、水害和瓦斯涌出时相互漫延;避免从采空区大量漏风,影响生产采区的风量。采区边界煤柱一般宽 10 m 左右。

断层煤柱的尺寸大小取决于断层的断距、性质、含水情况,落差很大的断层,断层一侧的煤柱宽度不小于 30 m;落差较大的断层,断层一侧煤柱宽度一般为 10～15 m;落差较小的断层,通常可以不留设断层煤柱。

# 6 采煤方法

毕业设计对本章的要求，一般只需在技术分析的基础上，结合实习现场情况，在《采矿工程设计手册》和有关设计资料的指导下，选择计算并确定采区的回采工艺和采区巷道及各生产系统的形式和参数。对提出的不同方案也立足于技术分析比较，一般不要求进行经济比较。

## 6.1 采煤方法的选择

### 6.1.1 采煤方法选择的依据

(1) 矿井地质构造、煤层厚度、倾角、层数、层间距、硬度和夹矸等情况、顶底板岩层的性质、瓦斯、煤尘、水文、自然发火等灾害情况、煤层间的开采关系以及地面井下间的关系等；

(2) 国家关于煤炭生产的方针政策；

(3) 对采煤机械化程度的要求，设备的供应条件；

(4) 邻近或相似矿井的采煤实践经验；

(5) 生产管理水平。

以上各点，对于毕业设计来说，第(3)点和第(5)点一般应当按照当前国内类似条件的平均先进水平来考虑。实习矿井的情况可作为邻近或相似矿井的情况以供参考。

### 6.1.2 采煤方法和回采工艺选择的基本原则

(1) 煤炭资源损失少，采用正规采煤方法，应实现生产集中化；

(2) 安全及劳动条件好；

(3) 尽可能采用机械化采煤，达到工作面高产、高效；

(4) 材料消耗少，生产成本低；

(5) 便于生产管理；

(6) 巷道掘进率低，尽量减少岩石工程量；

(7) 采区内有完善的生产系统，各环节的能力应互相匹配。

### 6.1.3 毕业设计常用的采煤方法

按照煤层条件、采煤设备等因素，可将采煤方法分为几十种，常见的分类方法可参阅《采矿工程设计手册》等有关章节。毕业设计一般只要求采用我国使用最多的、常见的方法。影响采煤方法最主要的因素是煤层的倾角和厚度，以及围岩的性质。在选择采煤方法时应首先从这几个因素入手，再结合回采工艺和其他条件确定。

对于缓斜、倾斜的薄及中厚煤层，一般用单一走向长壁采煤法；当倾角$<12°$，特别是8°以下的煤层尽可能采用倾斜长壁采煤法。

缓斜、倾斜的厚煤层目前采用较多的是倾斜分层下行垮落走向长壁采煤法。随着煤炭工业新技术的发展，综采的一次采厚(或分层厚)目前在一定条件下已发展到3.5～4.5 m。所以，在考虑>3.5 m厚的煤层时，若倾角<12°又符合综采的条件，可以考虑一次采全高(煤厚3.5～4.5 m)或把分层厚度加大到3.5～4.5 m。另外，应特别指出的是，较厚或特厚煤层(指煤厚>8.0 m)，如果顶板岩性为Ⅰ，Ⅱ级，煤质松软或节理裂隙发育，应当采用综采放顶煤开采技术；当煤层厚在6.0～12.0 m，宜采用分段放顶煤。

急倾斜煤层在煤厚2.0～6.0 m时，若赋存比较稳定，应优先考虑采用伪倾斜柔性掩护支架采煤法；当厚度<2.0 m时，可考虑采用倒台阶采煤法；而急倾斜厚煤层厚度在4.0～6.0 m或大于6.0 m，厚度及倾角的变化比较大，可以考虑采用水平分层或斜切分层采煤法；当顶板条件好，不自燃，瓦斯涌出量小，倾角>50°时还可以考虑采用仓储法。目前，急倾斜特厚煤层应用放顶煤开采技术已列为重点推广的开采技术之一，当应用综采放顶煤开采时，若煤层厚度>15.0 m，放顶煤分段的厚度在10.0 m左右较为恰当；如果煤层厚度>10.0 m，也可采用滑移顶梁放顶煤采煤法。

以上所提到的采煤方法的适用条件、技术特点及主要参数范围可以根据《采矿学》(杜计平等主编)(教材)、《采矿工程设计手册》中的相关内容分析叙述。

## 6.2 回采工艺的确定

### 6.2.1 回采工艺概述

回采工艺通常是指采煤工作面内各种不同生产工序(落煤、装煤、运煤、支柱、采空区处理及其他辅助工作)在时间上按一定的关系和顺序配合下进行工作的方式。目前，我国长壁式采煤法所采用的回采工艺可分为三大类：炮采、普采(包括高档普采)、综合机械化采煤。

实际选择长壁工作面回采工艺时，应当结合具体的地质条件、设备供应以及技术管理水平，综合考虑前面所列举的选择原则，选择较恰当的回采工艺。

就我国目前的情况看，“综采”是采煤工艺的发展方向，在煤层倾角<18°、煤层埋藏稳定、构造简单、涌水不大、顶板便于管理、底板具有一定稳定性的薄及中厚煤层，应当优先考虑选择“综采”，这样能充分发挥“综采”的高产、稳产和安全的效能，从而取得良好的技术经济指标。

在煤层比较稳定、构造不太复杂的中型矿井及不适宜采用“综采”的大型矿井的采煤工作面，可采用普通机械化采煤工艺，近几年来，高档普采以其相对于一般普采具有较高的产量、较少的材耗、更好的安全性等优点，以及相对于综采有投资少、成本低、操作简单、“搬家”方便且有更强的地质条件适应性等优点，在煤炭系统得到较快的推广，也是今后相当一段时期内我国煤炭工业重点发展的回采工艺之一。

在地质条件复杂多变和倾角大的煤层，采用机械化采煤目前有许多困难。另外，占我国煤炭产量近一半以上的地方小煤矿，多数由于产量低、资金少、技术管理水平低，但劳动力较富余，采用综采和普采也有相当大的困难。在上述条件下，就应当采用炮采。应当指出，炮采的主要优点就在于其对地质条件的适应性最强，即使是主要采用综采或普采的矿井，回收三角煤或煤柱等也要采用炮采。另外，对于拥有较多的富余劳动力和煤炭资源的贫穷落后地区，炮采是这些地区开发小矿的主要手段，所以有一定的社会效益。

各种主要的回采工艺的选择，与采煤方法的选择一样，可以参考相关教材和《采矿工程设计手册》的有关内容，这里不再详述。

### 6.2.2 设计回采工艺的主要内容

毕业设计只进行设计采(盘)区或带区一个工作面回采工艺的设计。设计内容如下：

#### 6.2.2.1 确定工作面长度

综合机械化采煤工作面长度，一般为 150～220 m，如开采技术条件许可工作面长度可达 250～300 m，每个工作面长度尽可能保持一致。普通机械化采煤工作面的长度，一般宜为 130～160 m，对拉工作面总长度一般为 200～300 m。炮采工作面长度一般为 80～150 m，当受断层等构造影响时，根据实际情况决定其长度。急倾斜煤层采用伪倾斜柔性掩护支架采煤法的工作面长度一般为 30～60 m。水砂充填采煤的工作面长度，可参照条件类似的分层下行垮落采煤法工作面长度的数值确定。

放顶煤开采，当工作面端头受条件限制无法放煤时，应适当增加工作面长度。对于日产万吨的高产高效放顶煤工作面，当煤层厚度较小、采煤机割煤时间大于放顶煤时间时，工作面长度以 180～200 m 为佳；当煤层厚度较大、放煤时间较长时，工作面长度以 150～180 m 为宜。

根据《采矿工程设计手册》第三篇表 3-4-1、表 3-4-10、表 3-4-12、表 3-4-17 和表 3-4-19 所提供的参考值，在分析实习矿井工作面长度合理性的基础上，初步确定工作面的长度和年推进度，当矿井为高瓦斯矿井时，应进行风速的验算，验算式如下：

$$L \leqslant \frac{60 v_{允} B M C_{f}}{q_{b} S_{n} P \Phi} \tag{6-1}$$

式中 $L$——工作面长度，m；

$v_{允}$——工作面允许最大风速，按《煤矿安全规程》规定为 $v_{允}=4$ m/s，综采面可取 $v_{允}=5$ m/s；

$B$——工作面最小控顶距，m；

$M$——采高，m；

$C_f$——风流收缩系数，可取 0.9～0.95；

$q_b$——生产吨煤所需风量，$m^3/min$；瓦斯矿井，$q_b=1～1.25$ $m^3/min$；高瓦斯矿井，$q_b=1.5$ $m^3/min$；

$S_n$——循环进度，m；

$P$——煤层生产率，即单位面积上的出煤量，$P=M\rho C$，$t/m^2$；

$\rho$——煤密度，$t/m^3$；

$C$——工作面回采率，%；

$\Phi$——昼夜循环数，个。

如果在确定采(盘)区或带区设计生产能力和配采比较困难需要调整工作面长度时，应在合理工作面长度范围内进行调整，当调整后的工作面长度使采(盘)区或带区各参数都趋向合理时，该工作面面长即作为最终确定的工作面长度。

#### 6.2.2.2 确定工作面年推进度

可以采用生产矿井的经验值，亦可用计算来确定。计算公式如下：

$$L_{推} = T\Phi l\varphi \tag{6-2}$$

式中 $L_{推}$——工作面年推进度，m；

$T$——年工作日数，d；

$\Phi$——昼夜循环数，个/d；

$l$——循环进尺，m/个；

$\varphi$——循环工作延误系数(或循环完成率)，取 0.7～1.0，取值大小应根据煤层稳定程度、构造多少、顶板是否破碎及管理水平等因素决定。

6.2.2.3 确定各工艺过程

通常设计时，按"落→装→运→支→处"的工序过程来逐一考虑。

(1) 落煤

当采用综采和普采时，落煤工序主要是确定采煤机的截深和割煤方式及进刀方式。由于采煤机每刀的进尺，即截深直接影响到工作面的生产能力，而工作面的生产能力又是决定采(盘)区或带区生产能力的基础，因此，截深的大小，割煤时采用双向割煤还是单向割煤？每天进几刀？这些参数的确定，应当与采(盘)区或带区生产能力和同时生产的其他煤层工作面的能力共同考虑，反复验算调整几次才能确定。

用机械落煤，可采用采煤机或刨煤机，中厚煤层普通机采常选用单或双滚筒摇臂采煤机，薄煤层宜采用刨煤机。所选择的采煤机的滚筒直径和宽度，应当与采高和截深相适应。

炮采落煤工艺，应当以工作面炮眼布置方式和炮眼参数为中心考虑打眼、装药量等其他局部工艺和参数值。设计时，眼深及角度应以设计循环进尺为依据来确定。设计时可以采用在实习矿井收集到的采煤工作面作业规程中爆破说明书所提供的参数，但引用前应结合现场了解到的使用情况及效果进行分析，认为合理或效果好的才予以采用，应采用毫秒爆破工艺。

(2) 装、运煤

一般采煤机和刨煤机在设计时，落煤和装煤基本上是同时考虑的，炮采在炮眼设计时也考虑了一定的爆破装煤因素，所以装煤工艺不用过多考虑。

运煤的中心问题是工作面刮板运输机的选型问题。刮板运输机选型时应当考虑：

① 运输机的能力；所选的刮板运输机能力应在《煤炭工业矿井设计规范》规定的每班运输时间内把采煤机切割下的煤全部及时运走，同时还要考虑 1.5 的运输不均衡系数。

② 普采和综采应当考虑与所选的采煤机配套，除了能力配套，应考虑外形尺寸的配套，综采还应考虑与液压支架如何配套的问题，炮采应采用推广使用的双速或大功率刮板运输机，高档普采配套设备应采用双速、侧卸式刮板运输机。

③ 当煤层倾角$>15°$时，应考虑工作面刮板运输机防滑问题。

(3) 工作面支护

综采工作面采用自移式液压支架支护。

炮采和普采都是采用的单体支架，应当尽量采用支撑性能好的单体液压支柱或摩擦式金属支柱，达到节约坑木并取得更好的工作条件和安全保证的目的。金属支柱一般都与金属铰接顶梁配合使用，按一定的布置方式支护工作面的悬顶。

(4) 顶板处理

顶板处理工作主要体现在采空区的处理，通常可归纳为下列六种方法：

① 全部垮落法：使用最为广泛的一种方法；

② 部分充填法：目前很少采用；

③ 缓慢下沉法：薄煤层，塑性顶板时可采用；

④ 煤柱支撑法：坚硬顶板时可采用，但缺点多，使用少；

⑤ 全部充填法：目前只用于特殊需要时；

⑥ 强迫冒落法：在坚硬顶板时采用。

以上各种方法的适用条件可参考《采矿学》（杜计平等主编）、《矿山压力与岩层控制》（钱鸣高等主编）等教材和《采矿工程设计手册》有关章节。毕业设计时多数都采用全部垮落法管理顶板，如实习矿山地质情况需要采用其他方法时，可直接参考引用其实际资料。

## 6.3　工作面设备选型

倾角小于12°的煤层对于综采机械化来说最为有利，一般可以不考虑设备自重分力的影响。煤层倾角加大，会使采煤机上行采煤时的牵引阻力加大，并造成机器下滑的危险；使支架的横向稳定性变差，甚至下滑、倾倒；运输机也会下滑，给采煤工作造成困难。本书主要介绍缓倾斜煤层的综采设备选型。

### 6.3.1　选型的基本原则

（1）采煤机

① 必须满足煤层开采厚度和煤的切割阻力的需要，要与煤层的倾角相适应。

② 以最小的电耗获得最大的采煤速度即最大的生产能力，以及获得最佳的块度。

③ 要考虑与支架和运输机配套，与支架移支速度和运输机运煤能力相适应。

④ 具备有效的喷雾抑尘装置。

（2）运输机

① 要满足工作面长度和倾角对于运输机铺设长度和稳定性的要求。

② 必须与采煤机的能力相适应，要保证采煤机效能的发挥。

③ 要与支架和采煤机配套，保证采煤机骑溜（或不骑溜）正常运行。

④ 能在正常状态下随采煤机之后适当弯曲，并配有清扫浮煤的装置，并使移置液压支架和拖动电缆方便。

（3）液压支架

① 要顶得住，它的初撑力和工作阻力要适应直接顶和基本顶岩层移动所产生的压力（包括二次来压），使控顶区的顶板下沉量限制到最低程度。

② 要移得走，它的结构形式和支护特性，要适应直接顶下部岩层的冒落特点，尤其要注意顶板在暴露后尚未支护情况下的破碎状态，要尽量保持该处顶板的完整性。支架底座要适应底板岩石的抗压强度，以防底软而使支架陷入底板。

③ 要适应采高变化和按煤层倾角考虑的对支架稳定性的要求。

④ 要满足通风（尤其是高瓦斯工作面）和行人的需要，以及要和采煤机、运输机配套。

⑤ 要考虑投资，力求以较低的投资获得所需的技术经济效果。支架复用次数高，损坏情况少，即能降低吨煤成本。

由于以上这些要求显而易见，故不作过多的说明。

### 6.3.2　采煤机选型

与液压支架配套的采煤机主要有两类：一类是刨煤机；另一类是滚筒采煤机。后者在我国用得较多，下面着重介绍滚筒采煤机的选型。

6.3.2.1 采煤机的结构与类型

在综采工作面使用的采煤机械一般分为两大类，一类是刨煤机，一类是滚筒采煤机。

(1) 刨煤机

① 刨煤机工作原理

刨煤机是以刨头为工作机构，采用刨削方式破煤的采煤机械。刨煤机可用在长壁采煤工作面，实现破煤、装煤和运煤。

装有刨刀的刨头，在无极圆环链即刨链牵引下，沿着安装在采煤工作面可弯曲刮板运输机的中部槽上的导轨运行，刨刀刨削煤壁将煤刨落，刨落的煤在刨头犁形斜面的作用下被装入运输机运出采煤工作面。

② 刨煤机结构

图 6-1 所示为滑行脱钩刨煤机结构示意图。

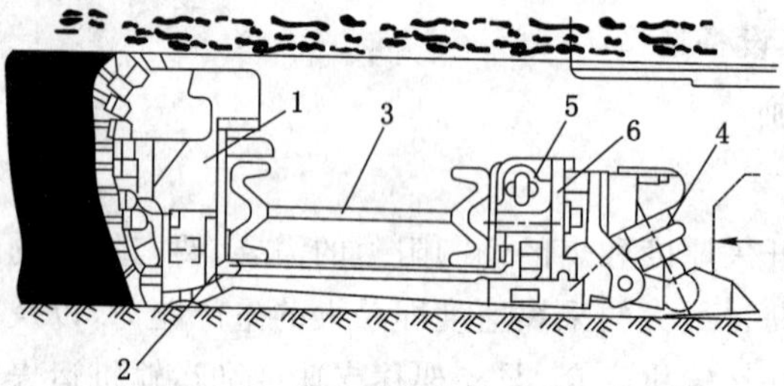


图 6-1 滑行脱钩刨煤机结构示意图

1——刨头；2——滑行板；3——运输机；4——调斜千斤顶；
5——刨链；6——导护链装置

③ 刨煤机类型

刨煤机类型很多，按照刨煤方式，可分为静力刨煤机、动力刨煤机和动静结合刨煤机三种形式。静力刨煤机刨头不带动力，靠刨链牵引截割煤层；动力刨煤机刨头带有动力，靠冲击或水射流等方法截割煤层；动静结合刨煤机是在静力刨煤机的基础上，通过某种方式使刨刀带有动力、靠冲击煤壁实现截割煤层。

(2) 滚筒采煤机

各种类型滚筒采煤机的分类方式、特点及适用范围见表 6-1。

**表 6-1 滚筒采煤机的分类方式、特点及适用范围**

| 分类方式 | 采煤机类型 | 特点及适用范围 |
|---|---|---|
| 按滚筒数 | 单滚筒采煤机 | 机身较短，质量较轻，自开切口性能较差，适宜在高档普采及较薄煤层工作面使用 |
| | 双滚筒采煤机 | 调高范围大，生产效率高，适用范围广 |
| 按煤层厚度 | 厚煤层采煤机 | 采高大于 3.5 m 的采煤机，机身几何尺寸大，调高范围大 |
| | 中厚煤层采煤机 | 采高为 1.3～3.5 m 的采煤机，机身几何尺寸较大，调高范围较大 |
| | 薄煤层采煤机 | 采高小于 1.3 m 的采煤机，机身几何尺寸较小，调高范围小 |

续表 6-1

| 分类方式 | 采煤机类型 | 特点及适用范围 |
|---|---|---|
| 按电动机布置方式 | 单(双)电动机轴向(纵向)平行煤壁布置采煤机 | 机身较长,电动机功率既用作截割动力,也用于牵引传动,功率分配合理,电控系统简单 |
| | 多电动机垂直(横向)煤壁布置采煤机 | 机身较短,主电动机与牵引电动机分开设置,检修方便,电控系统较复杂 |
| 按调高方式 | 固定滚筒式采煤机 | 靠机身上的液压缸调高,调高范围小 |
| | 摇臂调高式采煤机 | 调高范围大,卧底量大,装煤效果好 |
| | 机身摇臂调高式采煤机 | 机身短而窄,稳定性好,但自开切口性能差,卧底量较小,适应煤层起伏变化小、顶板条件差等特殊地质条件 |
| 按机身设置方式 | 骑运输机采煤机 | 适用范围广,装煤效果好,适用于 1.1～4.5 m 的中厚或厚煤层工作面 |
| | 爬底板采煤机 | 适用于 0.55～0.9 m 的薄或极薄煤层工作面 |
| 按牵引控制方式 | 机械牵引采煤机 | 元件单一,维护检修方便 |
| | 液压牵引采煤机 | 控制、操作简便,功能齐全,适用范围广 |
| | 电牵引采煤机 | 控制、操作简便,传动效率高,适用于各种地质条件工作面 |
| 按牵引方式 | 钢丝绳牵引采煤机 | 牵引力较小,一般适用于中小型矿井的普采工作面 |
| | 锚链牵引采煤机 | 中等牵引力,安全性差,适用于中厚煤层工作面 |
| | 无链牵引采煤机 | 工作平稳、安全,结构简单,适应倾斜煤层开采 |
| 按使用煤层条件 | 缓倾斜煤层采煤机 | 设有特殊的防滑装置,适用于倾角 5°以下的煤层工作面 |
| | 倾斜煤层采煤机 | 牵引力较大,具有特殊设计的制动装置,与无链牵引机构相配,适用于倾斜煤层工作面 |
| | 急倾斜煤层采煤机 | 牵引力较大,有特殊的工作机构与牵引导向装置,适用于急倾斜煤层工作面 |
| 按工作面布置方式 | 长壁采煤机 | 机身较长,适用于长壁工作面 |
| | 短壁采煤机 | 机身短,适用于短壁工作面前进式开采,连续采煤机是典型机型 |
| 按牵引机构设置方式 | 内牵引采煤机 | 结构紧凑,操作安全 |
| | 外牵引采煤机 | 机身长度短,维修方便 |
| 按滚筒布置形式 | 滚筒平行于煤壁(水平滚筒)切割的采煤机 | 可自开切口,调高方便,通用型采煤机都属这一类 |
| | 滚筒垂直于煤壁(垂直滚筒或立滚筒)切割的采煤机 | 可沿煤层层理切割,截割力小,块度大,但调高困难,俄罗斯有此机型 |

#### 6.3.2.2 采煤机主要工作参数的确定

采煤机的工作参数规定了滚筒采煤机的适用范围和主要技术性能,它们既是设计采煤机的主要依据,又是综采成套设备选型的依据。滚筒采煤机主要工作参数如下:

(1) 采高

采煤机的实际开采高度称为采高。采高的概念不同于煤层厚度,分层开采厚煤层或有顶煤冒落，或有底煤残留时，煤层厚度就大于采高；反之，在薄煤层中，由于截割顶板或底板，采高也可能大于煤层厚度。考虑煤层厚度的变化、顶板下沉和浮煤等会使工作面高度缩小，因此煤层（或分层）厚度不宜超过采煤机最大采高的 90%～95%，不宜小于采煤机最小采高的 110%～120%。采高对确定采煤机整体结构有决定性影响，它既规定了采煤机适用的煤层厚度，也是与支护设备配套的一个重要参数。

双滚筒采煤机的采高范围主要决定于滚筒的直径，但也与采煤机的某些结构参数有关，如机身高度、摇臂长度及其摆动角度范围等。对于双滚筒采煤机，其最大采高一般不超过滚筒直径的两倍。双滚筒采煤机的采高范围计算如图 6-2 所示。

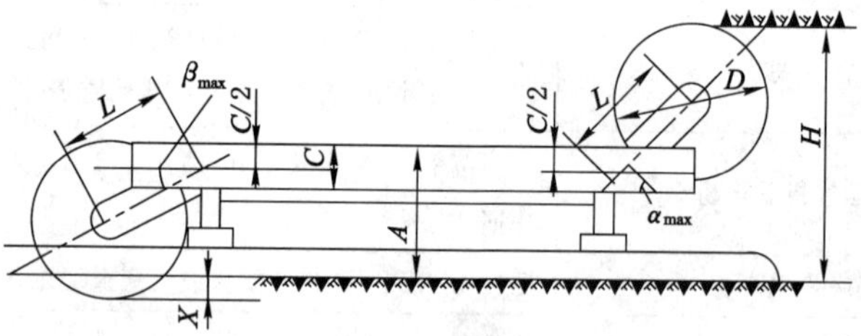


图 6-2 双滚筒采煤机的采高范围

$A$——机身上部距底板的距离；$C$——机身箱体厚度；$L$——摇臂回转中心到滚筒轴心的长度；

$\alpha_{max}$——摇臂相对机身水平向上摆动的最大角度；

$\beta_{max}$——摇臂相对机身水平向下摆动的最大角度；$D$——滚筒直径

采煤机的采高 $H_t$ 应与煤层厚度 $M$ 的变化范围相适应，由于浮煤和顶板下沉的影响，工作面的实际高度会在开采过程中变小，为保证采煤机能够正常工作，采高 $H_t$ 与煤层厚度 $M$ 应保持下列关系：

$$H_{tmin} = M_{min}/(1.1 \sim 1.2) \tag{6-3}$$

或

$$H_{tmin} = M_{min} - (0.25 \sim 0.35) \tag{6-4}$$

$$H_{tmax} = M_{max}/(0.9 \sim 0.95) \tag{6-5}$$

或

$$H_{tmax} = M_{max} + 0.2 \tag{6-6}$$

式中 $H_{tmin}$，$H_{tmax}$—— 采煤机最小、最大采高，m。

另外，采煤机采高和放煤高度的采放比要处于合理范围，一般是 1∶1～1∶3。当煤层厚度较大时，可提高采高；反之，降低采高。

对于一定直径的滚筒，采煤机的采高范围是一定的。如果需要在较大范围内改变采高，则必须改变滚筒的直径，必要时还需相应改变机身的高度（即改变底托架的高度）和改变摇臂长度及其摆角范围。

选用采煤机时，为了满足采高的要求，需要合理地选择滚筒直径和机身高度。

(2) 滚筒截深

采煤机截割机构（如滚筒）每次切入煤体内的深度 $B$ 称为截深。它决定工作面每次推进的步距，是决定采煤机装机功率和生产率的主要因素，也是支护设备配套的一个重要参数。

为有效地利用煤层的压张效应，现代采煤机的截深都小于 1 m。截深过小，采煤机生产率受到影响。而加大截深会使支架的步距加大，顶梁长度和千斤顶行程加大；同时，也使采煤机电动机功率及运输机的输送能力加大。因此，要综合权衡利弊，选用合理截深。

目前，多数采煤机采用的截深为 0.6 m 或 0.63 m，大功率采煤机可取 0.75 m 左右。在薄煤层中，由于工作条件困难，牵引速度不能太大，为了达到较高的生产率，在顶板条件允许时，可选用截深为 0.75～1.0 m。在厚煤层中，由于受运输机生产率的限制，截深可适当减小至 0.4～0.5 m，这对缩小控顶距、避免冒顶和片帮均有益处。

目前采煤机的截深有：0.5、0.6(0.63)、0.7、0.75、0.8、0.9、1.0 m 等几种（也可以与厂家联系定做非标准的），选择滚筒的截深要与现有的滚筒系列和选定支架等设备配套。

(3) 设计生产能力

采煤机的设计生产能力可按下式计算：

$$Q_t = 60 H_t B' v_q' \rho \tag{6-7}$$

式中 $H_t$——采煤机的平均采高，m；

$B'$——滚筒的有效截深，m；

$v_q'$——给定条件下采煤机最大可能的牵引速度，m/min；

$\rho$——煤的实体密度，t/m$^3$。

在采煤过程中，会由于处理故障、日常维护、支护顶板、处理片帮等许多情况而出现停顿，采煤机的实际生产能力比设计生产能力低很多。所以要注意，为了满足工作面开采实际生产能力要求，采煤机实际生产能力要大于工作面设计生产能力 10%～20%。

(4) 牵引速度（一般采用端部斜切进刀双向割煤方式）

采煤机割煤时，牵引速度越高，单位时间内的产煤量越大，但电动机的负荷和牵引力也相应增大。为使牵引速度与电动机负荷相适应，牵引速度应能随截割阻力的变化而变化。当截割阻力变小时，应加快牵引，以获得较大的切屑厚度，增加产量；当截割阻力变大时，则应降速牵引，以减小切屑厚度，防止电动机过载，保证机器正常工作。为此，牵引速度应是无级的，至少是多级的，并且能随截割阻力的变化自动调速。目前，双滚筒采煤机的最大截割牵引速度可达 10～12 m/min；有的采煤机最大牵引速度高达 18～20 m/min。割煤时，牵引速度一般不超过 5～6 m/min，而较大的牵引速度只用于调动机器和装煤。

选择采煤机工作牵引速度时，首先应考虑采煤机的生产能力与采区运输设备的运输能力相适应，以便使采下的煤能顺利地运出去；此外，还应考虑采煤机的负荷，以免机器过载。

① 根据工作面设计生产能力来选择：

$$Q = 60 H_t B v_q \rho \tag{6-8}$$

则牵引速度 $v_q$（单位：m/min）为：

$$v_q = \frac{Q}{60 H_t B \rho} \tag{6-9}$$

式中 $H$——采煤机采高，m；

$B$——采煤机截深，m。

另外，选择牵引速度时还应考虑滚筒截齿的最大切削厚度。对于一定的滚筒转速和允许的截齿切削厚度，可用下面公式求出允许的工作牵引速度：

$$v_q = \frac{mnt}{1\,000} \tag{6-10}$$

式中 $t$——采煤机允许的截割切屑厚度,mm;

$m$——滚筒每一截线上的截齿数;

$n$——滚筒转速。

假如滚筒转速 $n=50$ r/min,每一截线上的截齿数 $m=2$,允许的切削厚度 $t=50$ mm,则允许的工作牵引速度为:

$$v_q = \frac{2 \times 50 \times 50}{1\,000} = 5\ (\text{m/min})$$

② 匹配关系约束,参照表 6-2。

**表 6-2　　采煤机牵引速度和液压支架移架速度匹配关系表**

| 采煤机牵引速度/(m/min) | 6 | 7 | 8 | 9 | 10 | 11 | 12 | 13 | 14 |
|---|---|---|---|---|---|---|---|---|---|
| 支架单架移架时间/(s/架) | 13.6 | 11.6 | 10.0 | 9.0 | 8.2 | 7.5 | 7.0 | 6.3 | 5.8 |

(5) 割煤速度

所谓割煤速度,也叫截割速度,是指滚筒截齿齿尖的圆周切线速度,截割速度决定于截割部传动比、滚筒转速和滚筒直径,对采煤机的功率消耗、装煤效果、煤的块度和煤尘大小等有直接影响。为了减少滚筒截割时产生的细煤和粉尘、增多大块煤,应降低滚筒转速。滚筒转速对滚筒截割和装载过程的影响都比较大,但是对粉尘生成和截齿使用寿命影响较大的是截割速度而不是滚筒转速。目前,滚筒采煤机的截割速度一般为 3.5~5.0 m/s,少数机型只有 2.0 m/s 左右。滚筒转速是设计截割部的一项重要参数,新型采煤机直径 2.0 m 左右的滚筒转速多为 25~40 r/min 左右,直径小于 1.0 m 的滚筒转速可高达 80 r/min。

满足工作面生产能力要求的采煤机平均割煤速度 $v_j$ (m/min)计算公式为:

$$v_j = \frac{L_s + 2L' + L_m}{1\,440 K_{rkj} B\rho (C_1 H_t L_s + C_2 H_f L_f)/A' - 3t_f} \tag{6-11}$$

式中 $L_s$——工作面长度,m;

$L'$——刮板运输机弯曲段长度,m;

$L_m$——采煤机两滚筒中心距,m;

$K_{rkj}$——采煤机平均日开机率;

$C_1$——采煤机割煤回采率;

$H_t$——采煤机采高,m;

$C_2$——顶煤回收率;

$L_f$——放顶煤区段长度,m;

$H_f$——顶煤厚度,m;

$A'$——工作面单产,t/d;

$t_f$——采煤机反向运行时间,min。

(6) 装机功率

采煤机所装备电动机的总功率,称为装机功率。装机功率越大,采煤机可采越坚硬的煤层,生产能力也越高。原煤炭工业部部颁标准 MT 4—84 规定,采煤机电动机功率系列为:100,150,170,200,300 和 375 kW,目前有牵引采煤机装机功率已增大至 1 000~2 000 kW,甚至更大。滚筒采煤机总消耗功率 $P$ 包括截煤功率 $P_j$、装煤功率 $P_z$ 和牵引功率 $P_q$ 三部分。

对于双滚筒采煤机总消耗功率为：

$$P = 2P_j + 2P_z + P_q \tag{6-12}$$

滚筒割煤时消耗的功率 $P_j$(单位:kW)为：

$$P_j = F_j v_j / 1\,000\eta_j \tag{6-13}$$

式中 $F_j$——滚筒总平均截割阻力,N;

$v_j$——截割速度,m/s;

$\eta_j$——截割部总传动效率。

滚筒装煤功率 $P_z$(单位:kW)为：

$$P_z = F_z v_j / 1\,000 \tag{6-14}$$

式中 $F_z$——滚筒装煤阻力,N。

牵引部的功率消耗 $P_q$(单位:kW)为：

$$P_q = \frac{F v_q}{60 \times 1\,000 \eta_q} \tag{6-15}$$

式中 $F$——采煤机的总牵引阻力,N;

$\eta_q$——牵引部总效率。

式(6-12)等式右边各项均受牵引速度的影响,所以式(6-12)可改写成如下形式：

$$P = P_0 + K v_q \tag{6-16}$$

式中 $P_0$——采煤机空载消耗功率,其值取决于工作机构的形式、结构和传动效率;

$K$——系数,取决于煤的性质及压张程度、截割工况及截割参数、截齿几何形状及磨损程度等因素。

式(6-16)表明,采煤机的功率消耗与牵引速度呈正比,并且在其他条件不变时,煤质越硬,直线的斜率越大。

比能耗是指采煤机每采落吨煤时所消耗的功,计算方法如下：

$$H_w = \frac{P_j + P_q + P_t}{60 H_t B v_q r} \tag{6-17}$$

式中 $P_j$—— 采煤机截割功率,kW;

$P_q$——采煤机牵引功率,kW;

$P_t$——调高系统的功率,kW;

$v_q$——牵引速度,m/s;

$H_t$——采高,m;

$B$——截割深度,m;

$r$——滚筒的半径,m。

工程上,一般采用单位比能耗法来确定采煤机的消耗功率(单位:kW),即：

$$P = \frac{60 B H_t v_q H_w}{3.6} \tag{6-18}$$

式中 $H_t$——采高,m;

$H_w$——采煤单位能耗(比能耗),$MJ/m^3$,它是一个综合性指标,一方面它反映采煤机技术完善程度,另一方面又反映开采煤层的力学性质,煤质越坚硬,比能耗越高。

考虑到功率储备,采煤机的装机功率(单位:kW)一般为：

$$P_d = (1.2 \sim 1.3)P \tag{6-19}$$

式中　1.2～1.3——功率储备系数。

(7) 滚筒选择

要求采用双滚筒，可以双向采煤也可以自开缺口，滚筒直径一般为采高的 0.55～0.6 倍。

(8) 机面高度

机面高度是采煤机的重要参数，根据采煤机采高范围不同，采煤机一般有几种不同的机面高度，都采用不同的底托架及运输机获得。

$$H_{tmax} = A - \frac{H'}{2} + L_y \sin \alpha_{max}' + \frac{D'}{2} \tag{6-20}$$

$$H_{tmin} = A - \frac{H'}{2} + L_y \sin \alpha_{min}' + \frac{D'}{2} \tag{6-21}$$

式中　$A$——机面高度；

$H'$——电动机高度；

$L_y$——摇臂长度；

$\alpha_{max}'$,$\alpha_{min}'$——摇臂向上最大、最小倾角；

$D'$——采煤机滚筒直径。

(9) 卧底量

为适应底板起伏不平时采煤机割煤，卧底量一般取 $K$=100～300 mm。也可根据机面高度来确定。

最大卧底量：

$$K_{max} = \frac{D'}{2} + \frac{H'}{2} + L_y \sin \beta_{max}' - A \tag{6-22}$$

最小卧底量：

$$K_{min} = \frac{D'}{2} + \frac{H'}{2} + L_y \sin \beta_{min}' - A \tag{6-23}$$

式中　$\beta_{max}'$,$\beta_{min}'$——摇臂向下最大、最小倾角。

6.3.2.3　采煤机的适用条件

(1) 刨煤机采煤工艺特点及适用条件

刨煤机的特点是：采煤截深小(一般为 4～15 cm)，牵引速度高(20～120 m/min)，功率较小(一般为 100～120 kW)；只刨落煤壁压酥区表层，故刨落单位煤量能耗少；刨落煤的块度大，煤粉及煤尘量少，劳动条件好；结构简单可靠，便于维修；司机不必跟机作业，可在平巷内操作，故操作方便；刨头的截割高度在刨头运行过程中不能调节。

刨煤机的适用条件为：

① 煤层厚度在 2 m 以下，倾角小于 25°，最好小于 15°。

② 煤质为软和中硬以下($f$<1.8)，可选用拖钩刨；中硬及中硬以上($f$=2.4～3)，应选用滑行刨；硬煤及特黏性煤不宜用刨煤机。

③ 最好顶板不粘顶煤，若轻度粘顶，可人工处理；要求煤层中硫化铁块度小、含量低或分布位置不影响刨煤机刨煤；夹石层厚度大于 200 mm 不宜用刨煤机。

④ 中等稳定以下顶板可用液压支架及时支护，要求底板平整，没有底鼓或超过 7°～10°

倾角的起伏不平；拖钩刨要求底板为中等硬度，不宜用于软底板，否则刨刀容易“啃底”；底板属泥岩、黏土砂岩等软底板应用滑行刨。

⑤ 煤层沿走向及倾斜方向无大的断层及褶曲现象；小断层落差小于 0.3～0.5 m 时可用刨煤机，大于 0.5 m 时应做超前处理。

(2) 滚筒采煤机特点及适用条件

滚筒采煤机与刨煤机相比，其特点是：采高范围大，牵引速度调节范围大、功率大，机械强度高，可自开切口，保护功能完善，工作可靠，操作方便以及有附属配套装置等。

滚筒采煤机的适用条件为：

① 采高在 0.65～4.5 m。

② 可开采不同硬度（$f<4$）的煤层：煤层为中等硬度（$f=1.8 \sim 2.5$）时，宜采用中等功率的采煤机；煤层为中等硬度以上（$f>1.5 \sim 4$）及黏煤时，宜采用大功率采煤机。

③ 可用于缓倾斜或急倾斜煤层，一般采煤机可用于 0°～35°倾角煤层，无链牵引采煤机适用煤层倾角最大可达 40°～54°。

④ 可用于有一定地质构造的煤层，如断层落差小于煤层厚度的一半，陷落柱长轴在 20～30 m 之内。

6.3.2.4 采煤机选型原则

(1) 适合特定的煤层地质条件，并且采煤机采高、截深、功率、牵引方式等主要参数选取合理，有较大的适用范围。

(2) 满足工作面开采生产能力要求，综采工作面生产能力主要取决于采煤机落煤能力，它与采煤机最大割煤牵引速度、无故障割煤时间、最大截深、最大采高有关。采煤机实际生产能力要大于工作面设计生产能力。

(3) 满足与刮板运输机和液压支架的匹配要求。

(4) 采煤机工作可靠性高，机械性能良好，各种保护功能完善。

(5) 采煤机使用、检修、维护方便。

(6) 优先选用电牵引采煤机。

6.3.2.5 型号示例

部分采煤机技术特征如表 6-3 所示。

**表 6-3　　采煤机技术特征**

| 技术特征 | 单位 | 采煤机型号 | | | |
|---|---|---|---|---|---|
| | | MG300W (MG2×300W) | MG2×400GW | MG450/1020—WD | MXA—600/3.5A |
| 采高 | m | 2.1～3.6 | 2.5～4.5 | 1.8～4.0 | 2～3.5 |
| 煤层硬度（坚固性系数） | | $f=1 \sim 3$ | $f \leqslant 3$ | 硬或中硬 | $f=2 \sim 4$ |
| 煤层倾角 | (°) | ≤35 | ≤17 | ≤18 | 0～40 |
| 截深 | mm | 630 | 630 | 630,1 000 | 656 |
| 滚筒直径 | m | 1.6,1.8,2.0 | 1.8,2.0,2.24 | 1.6,1.8,2.0,2.24 | 1.8 |

续表 6-3

| 技术特征 | | 单位 | 采煤机型号 | | | |
|---|---|---|---|---|---|---|
| | | | MG300W (MG2×300W) | MG2×400GW | MG450/1020—WD | MXA—600/3.5A |
| 牵引方式 | | | 无链 | 无链 | 交流电牵引 | 液压、双牵引、无链 |
| 牵引力 | | kN | 440(463) | 500/250,420/224 | 420～700 | 400 |
| 牵引速度 | | m/min | 0～5(0～5.2) | 0～12/6,0～8/5 | 7.35,12.36 | 0～8.5 |
| 链条规格（无链牵引形式） | | | 销轮齿轨 | 摆线轮销轨 | 摆线轮—销轨无链 | 齿销 |
| 滚筒中心距 | | mm | 8 389(9 589) | 11 700 | | 11 526 |
| 机面高度 | | mm | 1 600 | 1 985 | 1 573 | 1 640 |
| 卧底量 | | mm | 316 | 370 | | 400 |
| 电动机 | 型号 | | YSKBC—300/300 (YSKBC—200A/200) | YBCSZ400/400 | 单出轴、注意水质、防爆 | DMB—300S |
| | 功率 | kW | 300(300×2) | 400×2 | 2×450+2×50+20 | 300 |
| | 台数 | 台 | 1(2) | 2 | | 20 |
| | 电压 | V | 1 140 | 1 140 | 3 300 | 1 140 |
| 耗水量/水压 | | (L/min)/MPa | 320/2.0 | 200/0.2 | | |
| 喷雾灭尘方式 | | | 内、外喷雾 | 内、外喷雾 | 内、外喷雾 | 内、外喷雾 |
| 控顶距 | | mm | 2 445 | 2 616 | | 2 279 |
| 最大不可拆卸件尺寸（长×宽×高）/质量 | | mm/t | 3 260×1 275×1 039/8.572 | 8 500×1 195×1 332/9.5 | | 3 617×1 110×293/2.58 |
| 总质量 | | t | 40(44) | 51 | 46 | 50 |
| 设计单位 | | | 上海分院 | 上海分院 | | 西安煤机厂 |
| 制造厂 | | | 鸡西煤机厂 | 鸡西煤机厂 | 天地股份 | 西安煤机厂 |

### 6.3.3 刮板运输机选型

#### 6.3.3.1 刮板运输机的结构与类型

(1) 刮板运输机的工作原理

刮板运输机是将敞开的溜槽，作为煤炭、矸石或物料等的承受件，将刮板固定在链条上(组成刮板链)，作为牵引构件，当机头传动部启动后，带动机头轴上的链轮旋转，使刮板链循环运行带动物料沿着溜槽移动，直至到机头部卸载。刮板链绕过链轮作无级闭合循环运行，完成物料的输送。

(2) 刮板运输机的结构

刮板运输机的主要结构由机头部、机尾部和中间部三个大部分组成。此外，还有在机头和机尾装设的防滑锚固装置、供推移运输机用的液压千斤顶装置和紧链时用的紧链器等附属部件。机头部由机头架、电动机、液力偶合器、减速器及链轮等件组成，除卸载作用外，还对传动装置、链轮组件、盲轴和其他附属件等起着支承和装配的作用。中部由过渡槽、中部槽、链条和刮板等件组成。机尾部是供刮板链返回的装置，对于无传动装置的机尾部，只有机尾架和机尾导向滚筒，对有传动装置的机尾部，则包括机尾架、传动装置和链轮组件等。重型刮板运输机的机尾与机头一样，也设有动力传动装置，从安设的位置来区分叫上机头与下机头。如图 6-3 所示。

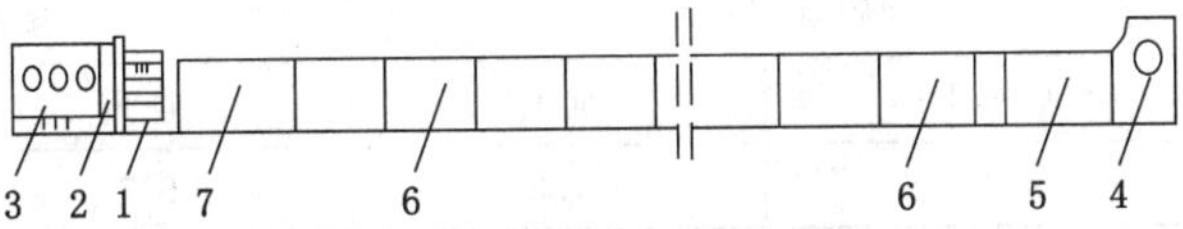


图 6-3　刮板运输机图

1——电动机；2——联轴器和连接罩；3——减速器；4——机头链轮；
5——机头架；6——中部槽；7——机头过渡槽

(3) 刮板运输机的类型

按牵引链的结构形式可分为双边链、双中链和单链 3 种。

① 双边链刮板运输机。双边链是目前国外使用最广泛的结构形式。与单链相比其优点是：预张力较小，能承受较大的张力，链条充满上下溜槽两边的槽帮链道并可自行清扫链道积煤。缺点是：溜槽磨损较大，2 条链子受力不均。其代表机型有国产 SGW—250 型、SGB764W/264 型及英国 ML—722 型。

② 双中链刮板运输机。其优点是：将 2 条相同直径的链条并列布置在溜槽中心，与双边链相比，这种结构形式的链子受力均匀，弯曲性和使用性能较好。其代表机型有国产 SGZ—730/320 型、SGZ—764/264 型及德国 MZL—600 型等。

③ 单链刮板运输机。其优点是：结构简单，事故少，受力均匀，运行平稳，摩擦阻力小，溜槽利用率高和弯曲性能好，在运输机上不易出现堵塞；缺点是：预张力较大。其代表机型为国产 SGWD—250 型及德国 EKF—HB280 型。

#### 6.3.3.2　初选刮板运输机

综采工作面一般均使用重型可弯曲刮板运输机，有单链、双中链、双边链等几种类型。根据刮板运输机选型的基本原则和产品说明书介绍的技术特征及其使用条件来选择型号（并参考下面计算）。

产品说明书所列铺设长度一般均为水平长度或一定倾角（如 10°）煤层向下运煤时的铺设长度，实际上各工作面长度和煤层倾角、厚度等条件各不相同，所以确定了型号后需要验算所选刮板运输机的运输能力、电机功率及刮板链强度，并确定每台刮板运输机驱动电机的数量。

#### 6.3.3.3　运输能力验算

(1) 按采煤机生产能力计算刮板运输机的运输能力

$$Q'_{运} = 60 v_q H J \rho K_1 K_2 K_3 \text{，t/h} \tag{6-24}$$

式中　$v_q$——采煤机牵引速度，m/min；

$\rho$——煤的密度，$t/m^3$；

$H$——平均采高，m；

$J$——采煤机滚筒截深，m；

$K_1$——装载不均匀系数，一般取 1.5；

$K_2$——采煤机和运输机同向运输时的修正系数，一般取 1.5，$K_2 = v_0/(v_0 - v_q)$，$v_0$ 为刮板运输机链速，m/min；

$K_3$——运输倾角和运输方向系数，见表 6-4。

**表 6-4　　运输倾角和运输方向的系数取值**

| 运输情况 | 水平运输时 | 倾角 5°～10° | | 倾角 10°以上 | |
|---|---|---|---|---|---|
| | | 向下 | 向上 | 向下 | 向上 |
| $K_3$ | 1 | 0.9 | 1.3 | 0.7 | 1.5 |

按上式计算的 $Q'_{运}$ 是要求刮板运输机运走的煤量(每小时生产能力)。

(2) 按刮板运输机的工作状况及有关参数计算输送能力

主要是根据已选定的运输机技术特征，验算是否能够满足所要求的运输能力。

$$Q''_{运} = 3.6qv_0\text{, t/h} \tag{6-25}$$

式中　$q$——运输机单位长度上货载质量，kg/m；

$$q = 1\,000F\varphi\rho_0 \tag{6-26}$$

$F$——货载断面积，$m^2$；

$\varphi$——装满系数，见表 6-5；

$\rho_0$——煤的松散密度，取 0.85～1.0 $t/m^3$；

$$F = F_1 + F_2 \tag{6-27}$$

$F_1$——溜槽承载段横截面积，查特征表(查不到可近似计算)；

$F_2$——原煤在溜槽中的动堆积面积。

$F$ 的计算参考图 6-4。

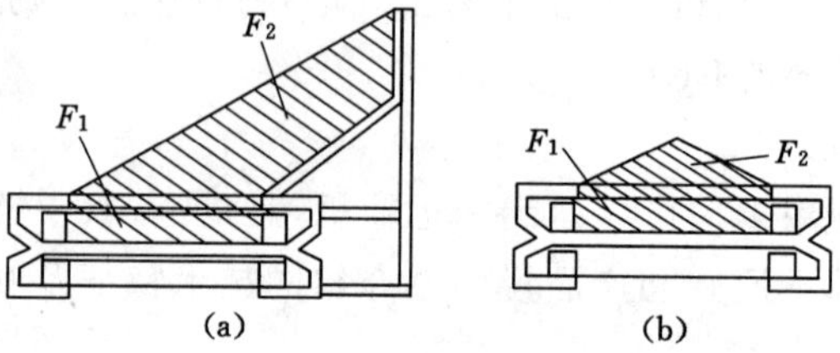


图 6-4　货载断面积计算参考图

(a) 加侧挡板情况；(b) 不加侧挡板情况

若 $Q''_{运} \geq Q'_{运}$，则符合要求。

**表 6-5　　装满系数 φ 取值表**

| 输送情况 | 水平及向下运输 | 向上运输 | | |
|---|---|---|---|---|
| | | +5° | +10° | +15° |
| 装满系数 $\varphi$ | 0.9～1.0 | 0.8 | 0.6 | 0.5 |

6.3.3.4　刮板运输机选型原则

煤矿输送设备的技术指标不仅包含具体的技术参数，而且包含可靠性指标。工作面运输机的主要技术性能参数有:输送能力、铺设长度、总装机功率。可靠性指标则以整机寿命和无故障连续运行时间表示。

煤矿选择运输机性能的基本原则是:运输机的性能在特定的安装条件下,能够实现煤矿工作面的单产期望指标;运输机可靠性应保证在一次工作面安装运行期间无大修,基础部件无更换。

(1) 与运输机性能有关的选型原则

① 由工作面的预期年产量或日产量参照运输机的设计输送能力确定大致的运输机型号范围。

② 运输机的输送能力应大于采煤机的生产能力。

③ 工作面的实际铺设长度通常应小于运输机的设计长度。但要注意的是,运输机的输送能力是工作面长度和倾角的函数,当工作面长度或倾角变化时,应对输送能力进行调整。尤其是工作面铺设长度超过设计长度时更要注意,应避免出现运输机能力不足的弊端。必要时,对于运输机的实际输送能力应咨询运输机设计工程师。

④ 运输机的中部槽高度应与开采条件相适应。较薄煤层和普通机械化开采应选用高度较矮的中部槽,高产高效综合机械化开采一般不受中部槽高度的限制。

⑤ 工作面煤炭的可采储量应与运输机的寿命相适应。

⑥ 要根据链子负荷情况决定链子数目,结合煤质硬度选择链子结构形式。煤质较硬、块度较大时,优先选用双边链;煤质较软时,可选用单链和双中链。

⑦ 性能相同(相近)的运输机建议选择圆环链规格较大的运输机,可大幅度减少圆环链断链事故的频次。

⑧ 现代运输机选型倾向于具有较大的功率储备。

⑨ 单电机功率大于 375 kW 的运输机建议采用 3 300 V 电压供电。

⑩ 运输机的结构和尺寸应满足与其他设备总体配套要求。

(2) 与运输机可靠性有关的选型原则

运输机的可靠性主要考核指标是运输机的整机寿命和无故障连续运行时间,对于运输机的整机寿命在性能选型中已得到解决,延长运输机的无故障连续运行时间的关键是降低运输机的故障率。

刮板运输机的故障可以分成两大类,一类是可预测故障,另一类是不可预测故障,对这两类故障应分别对待。

对于可预测故障可以事前安排维修,减少维修工作量,对煤炭产量影响较少。例如,通过对减速器、链轮的运行噪声、温度等进行检测,对润滑油质进行化验,对检测记录进行综合分析,可以对维修作出事前建议。对于溜槽、链轮的磨损状况进行常规检测,很容易作出是否需要更换的决定。

不可预测故障的发生是随机的,只要满足一定的诱发条件故障随时可能发生。例如,圆环链是运输机传动系统的重要环节,数以千计的链环中任何一个环节断裂都会迫使工作面停产。现今的技术尚不能预测圆环链某个环节即将断裂,也不能预测某一段刮板处的链环可能由于意外的刮卡而损坏。由于不可预测故障通常发生在生产过程中,致使故障的处理难度较大,对煤炭产量的影响较大。

由于可靠性对于运输机运行至关重要,选型中应重视以下几点:

① 运输机应留有足够的功率储备。

② 圆环链应选购质量稳定厂商的产品。在运输机总体尺寸允许的前提下，选配高一个规格的圆环链，可有效减少不可预测故障的发生。

③ 运输机配置可有效进行机械保护的传动装置，可削减瞬间冲击负荷对于传动系统的冲击幅值，减少断链事故的发生。这类传动装置有摩擦限矩离合器、CST液黏传动减速器和液力偶合器等传动装置。

④ 在运输机的减速器等关键部位配置实时监控装置，自动监测关键部位的工作状态，可为运输机检修提供数据依据。

⑤ 运输机配置可伸缩机尾，尤其是配置可随链张力变化自动调整行程的伸缩机尾，可以使刮板链处于适度张紧的状态下工作，有利于运输机正常运行，延缓机件的磨损。

⑥ 为了配合滚筒采煤机斜切进刀不开切口，应优先选用短机头和短机尾，但机头架和机尾架中板的升角不宜过大，以减少通过压链块时的能耗。

⑦ 与无链牵引的采煤机配套时，机身附设结构形式相应的齿条或销轨与采煤机的行走轮齿相咬合。为了配合采煤机有链牵引或钢丝绳牵引的需要，在机头和机尾部应附设采煤机牵引链的张紧装置及其固定装置。此种牵引方式很不安全，现已很少采用。

⑧ 为了防止重型刮板运输机下滑，应在机头、机尾安装防滑锚固装置。

⑨ 刮板运输机溜槽两侧应附设采煤机滑靴或行走滚轮跑道，为防止采煤机掉道，还应设有导向装置。在运输机靠煤壁一侧附设铲煤板，以清机道的浮煤。此外，为了配合采煤机行走时能自动铺设拖移电缆和水管，应在运输机靠采空区一侧附设电缆槽(一般与挡煤板制成一体)。

从上述针对运输机可靠性的技术对策中可以看出，与可靠性有关的技术与现代传动控制技术密切相关。在这一领域，国产运输机还存在不小差距，迫切期望国产运输机在传动控制技术领域有所突破。

6.3.3.5　型号示例

自从20世纪40年代刮板运输机问世以来，历经70余年的发展，世界各国的刮板运输机在各个方面已经取得了很大的发展，并各自形成了系列产品，其元件如圆环链、链轮、开口式接链环和刮板等均已有国际标准。圆环链的机械性能由B级(最小破断应力为630 N/mm$^2$)发展到D级(最小破断应力为1 000 N/mm$^2$)。圆环链的规格发展到$\phi$38 mm×137 mm(双链)、$\phi$42 mm×152 mm(单链)，溜槽的宽度发展到1 000 mm以上，刮板运输机的输送能力发展到1 500～3 500 t/h及以上，电动机最大功率发展到3×525 kW及以上。我国的刮板运输机尽管在近年来发展较快，但与世界先进国家相比还有一定的差距。

国产超重型综采刮板运输机的性能指标如表6-6所示。

常用的国产刮板运输机的技术特征如表6-7和表6-8所示。

表6-6　超重型综采刮板运输机的性能指标

| 项目 | 单位 | 开发项目 | |
|---|---|---|---|
| | | 日产7 000 t | 日产10 000 t |
| 输送能力 | t/h | 1 500 | 2 000 |
| 铺设长度 | m | 200 | 230 |
| 装机功率 | kW | 2×400 | 2×525或2×375 |

续表 6-6

| 项目 | 单位 | 开发项目 | |
|---|---|---|---|
| | | 日产 7 000 t | 日产 10 000 t |
| 链速 | m/s | 1.2 左右 | |
| 链条规格 | mm | 2-$\phi$34×126 | 2-$\phi$38×137 |
| 溜槽尺寸 | mm | (830～1 000)×330×1 500 | |
| 中板/底板厚 | mm | 40/25 | |
| 槽间连接强度 | kN | 3 000 | |
| 中部槽寿命 | Mt | 3 | |
| 链条寿命 | Mt | 1～1.5 | |

### 6.3.4 液压支架选型

6.3.4.1 液压支架的结构

液压支架是一种以液压为动力实现升降、前移等运动，用于支撑和维护顶板，提供安全作业空间的支护设备。液压支架的基本部件包括顶梁、立柱、底座、掩护梁、推移装置、护帮板等，如图 6-5 所示。

6.3.4.2 液压支架的类型

液压支架按照在采煤工作面的安装位置来划分，有端头液压支架和中间液压支架两种。端头液压支架简称端头支架，专门安装在每个采煤工作面的两端。中间液压支架是安装在除工作面端头以外的采煤工作面所有位置的支架。

液压支架按其对顶板的支护方式和结构特点的不同，分为支撑式、掩护式和支撑掩护式三种基本架型，目前主要发展后两种。

- 液压支架
  - 支撑式液压支架
    - 垛式支架
    - 节式支架
  - 掩护式液压支架
    - 单铰式掩护支架
    - 四连杆式掩护支架
  - 支撑掩护式液压支架

(1) 支撑式支架

在结构上没有掩护梁，支柱直接通过顶梁对顶板起支撑作用的支架称为支撑式支架。支撑式支架是出现最早的一种架型，按其结构和动作方式的不同，支撑式支架又分为垛式支架和节式支架两种结构类型。支撑式支架的结构特点是，顶梁较长，其长度多在 4 m 左右，而且立柱多，一般 4～6 根，且垂直支撑；支架后部设复位装置和挡矸装置，以平衡水平推力和防止矸石窜入支架的工作空间内。支撑式支架的支护性能是，支撑力大，且作用点在支架后部，故切顶性能好；支架的工作空间和通风断面大；对顶板重复支撑的次数多，容易把本来完整的顶板压碎；抗水平载荷的能力差，稳定性差；护矸能力差，矸石易窜入工作空间。支撑式支架结构图如图 6-6 所示。

(2) 掩护式支架

在结构上有掩护梁，单排立柱连接掩护梁或直接支撑顶梁对顶板起支撑作用的支架称

表 6-7

**可弯曲刮板运输机技术特征(一)**

| 产品型号 | 设计长度/m | 出厂长度/m | 运输能力/(t/h) | 链速/(m/s) | 电机功率/kW | 链条形式 | 液力偶合器 | 刮板链 | | 中部槽规格(长×宽×高)/mm | 采机牵引方式 | 紧链装置 | 设备质量/t |
|---|---|---|---|---|---|---|---|---|---|---|---|---|---|
| | | | | | | | | 规格 | 质量/kg | | | | |
| SGB—620/40T | 100 | 100 | 150 | 0.86 | 40 | 双边链 | YL—400A | 18×64—B | 18.8 | 1 500×620×180 | 有链 | 摩擦式 | 17.6 |
| SGB—620/80T | 160 | 160 | 150 | 0.86 | 2×40 | 双边链 | YL450/A | 18×64—B | 18.8 | 1 500×630×190 | 有链 | 摩擦式 | 35.6 |
| SGB—630/75 | 120 | 120 | 250 | 0.868 | 75 | 双边链 | YL—450A | 18×64—C | 18.8 | 1 500×630×190 | 有链 | 摩擦式 | 49.06 |
| SGB—630/150C | 200 | 200 | 250 | 0.86 | 2×75 | 双边链 | YL—450A | 18×64—C | 18.8 | 1 500×630×190 | 有链 | 摩擦式 | 87.6 |
| SGD—630/180 | 200 | 150 | 400 | 0.92 | 2×90 | 单链 | TY—487 | 26×92—C | 28.6 | 1 500×630×222 | 有链/无链 | 摩擦式 | 94.0 |
| SGD—630/230 | 160 | 150 | 450 | 1.07 | 2×110 | 单链 | | 26×92—C | 31.23 | 1500×630×220 | 无链 | 摩擦式 | 83.0 |
| SGBF—630/230 | 170 | 150 | 400 | 1.0 | 2×110 | 双边链 | YO—480R | 18×64—C | 21.25 | 1 500×642×190 | 无链 | 链轮 | 112.2 |
| SGB—630/264 | 200 | 150 | 450 | 1.12 | 12×132 | 双边链 | | 22×86—C | 31.57 | 1 500×630×222 | 无链 | 闸盘 | 100.4 |
| SGZ—730/264W | 200 | 150 | 600 | 0.96 | 2×132 | 中双链 | YL560 | 26×92—C | 57.0 | 1 500×730×220 | 无链 | 液压马达 | 181.0 |
| SGZ—730/220 | 160 | 150 | 450 | 1.07 | 2×110 | 中双链 | | 26×92—C | 57.0 | 1 500×730×220 | 无链 | 闸盘 | 114.6 |
| SGZ—764/264W | 200 | 150 | 900 | 0.96 | 2×132 | 中双链 | 2SJ—132 | 26×92—C | 57.0 | 1 500×764×222 | 无链 | 闸盘 | 166.0 |
| SGB—764/264W | 200 | 150 | 700 | 1.12 | 2×132 | 中双链 | 45S | 26×86—C | 34.34 | 1 500×764×222 | 无链 | 闸盘 | 158.9 |
| SGZ—764/320 | 200 | 150 | 900 | 0.96 | 2×160 | 中双链 | YL—560 | 26×92—C | 57.0 | 1 500×764×222 | 无链 | 闸盘 | 131.5 |
| SGZC—764/320 | 200 | 150 | 900 | 0.96 | 2×100 | 双边链 | YL—560 | 26×92—C | 57.0 | 1 500×764×222 | 无链 | 闸盘 | 139.0 |
| SGZ—330/500 | 200 | 150 | 1 000 | 1.21 | 2×250 | 准双 | | 30×108—C | 58.4 | 1 500×830×280 | 无链 | 闸盘 | 200.0 |
| SGZ—764/400 | 200 | 150 | 900 | 1.1 | 2×200 | 边链 | | 26×92—C | 58.4 | 1 500×764×222 | 无链 | 闸盘 | |

表 6-8

**可弯曲刮板运输机技术特征(二)**

| 产品型号 | 出厂长度/m | 运输能力/(m/h) | 电动机 | | | 刮板链 | | | 减速器速比 | 适用范围 |
|---|---|---|---|---|---|---|---|---|---|---|
| | | | 型号 | 功率/kW | 台数 | 速度/(m/s) | 每米质量/(kg/m) | 破断拉力/kN | | |
| SGB—13 | 100 | 30 | | 13 | 1 | 0.40 | 13.2 | 220 | | 0.5 m以上薄煤层工作面,顶板好管理 |
| SGD—5.5 | 40 | 40 | | 5.5 | 1 | 0.50 | | | | 0.5 m以上薄煤层短工作面;掘进头;小煤矿 |
| SGWD—5.5 | 40 | 40 | | 5.5 | 1 | 0.70 | | 230 | | 0.5 m以上薄煤层短工作面;掘进头;小煤矿 |
| SGWD—17 | 80 | 40 | | 17 | 1 | 0.59 | | 220 | | 0.5 m以上薄煤层工作面;顶板较好管理 |

**续表 6-8**

| 产品型号 | 出厂长度/m | 运输能力/(m/h) | 电动机 | | | 刮板链 | | | 减速器速比 | 适用范围 |
|---|---|---|---|---|---|---|---|---|---|---|
| | | | 型号 | 功率/kW | 台数 | 速度/(m/s) | 每米质量/(kg/m) | 破断拉力/kN | | |
| SGD—20B | 120 | 100 | | 22 | 1 | 0.50 | 13.2 | 230 | | 0.8 m以上薄煤层炮采工作面 |
| SGW—44 | 120 | 100 | | 22 | 2 | 0.63 | | 350 | | 0.75 m以上薄煤层炮采、机采工作面 |
| SGW—44A | 120 | 150 | | 22 | 2 | 0.80 | 18.8 | 350 | | 0.75 m以上薄煤层炮采、机采工作面 |
| SGW—80T | 160 | 150 | | 40 | 2 | 0.854 | 18.8 | 350 | | 1 m以上薄煤层、中厚煤层炮采、机采工作面 |
| SGW—150 | 200 | 250 | | 75 | 2 | 0.868 | 18.8 | 720 | | 1.5 m以上中厚煤层机采、综采工作面 |
| SGW—250 | 200 | 600 | | 125 | 2 | 0.937 | 52.0 | | | 1.5 m以上中厚煤层、厚煤层综采工作面 |
| SGWD—250 | 200 | 400 | | 125 | 2 | | | 720 | | 1.5 m以上中厚煤层、厚煤层综采工作面 |
| SGW—375 | 200 | 1 000 | | 125 | 3 | | | | | 1.5 m以上中厚煤层、厚煤层综采工作面 |
| SGW—40T | 100 | 150 | JBY40—4 | 40 | | 0.92 | 18.8 | 350 | 39.68 | |
| SGB—520/44* | 120 | 150 | JDSB—22 | 22×2 | | 0.92 | 13.2 | 250 | 39.68 | |
| SGW—44A | 120，180，240 | 150 | $DS_2B$—22—4 | 22×2 | | 1.05 | 19.2 | 350 | 39.68 | |
| SGB630/60* | 120 | 200 | JDSB—30 | 30×2 | | 0.92 | 14.2 | 250 | 39.68 | |
| SGW—80T | 160 | 150 | JBY40—4 | 40×2 | | 1.00 | 18.8 | 350 | 30.667 | |
| SGW—150B | 200 | 250 | DSB—75 | 75×2 | | 0.93 | 18.8 | 350 | 39.737 | |
| SGW—150C | 200 | 250 | DSB—75 | 75×2 | | 0.92 | 18.8 | 350 | 39.787 | |
| SGD—30/180PB | 150 | 350 | DSB—90 | 90×2 | | 0.92 | | 850 | 39.86 | |
| SGD—730/180 | 150 | 500 | DS—90 | 92×2 | | 0.92 | 36.26 | 850 | 39.86 | |
| SGD—730/250 | 150 | 600 | DSB—125 | 125×2 | | 1.05 | 36.26 | 850 | 39.86 | |
| SGD—630/180P | 150 | 350～450 | DSB—90 | 90×2 | | 0.92 | 36.26 | 850 | 39.86 | |
| SGZ—764/264 | 200 | 900 | KBY550—132/1140 | 132×2 | | 1.00 | 57.1 | 850 | 30.667 | |
| SGD—730/320 | 150.58 | 700 | YSB—160 | 160×2 | | 0.93 | | 1 130 | 39.737 | |
| SGZ—730/320 | 154.4 | 700 | YSB—160 | 160×2 | | 0.92 | | 850 | 39.737 | |

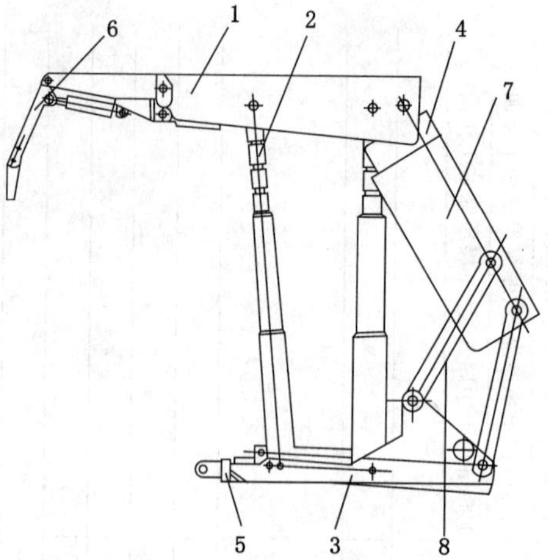


图 6-5 液压支架结构简图

1——顶梁；2——立柱；3——底座；4——掩护梁；5——推移装置；
6——护帮装置；7——活动侧护板；8——连杆

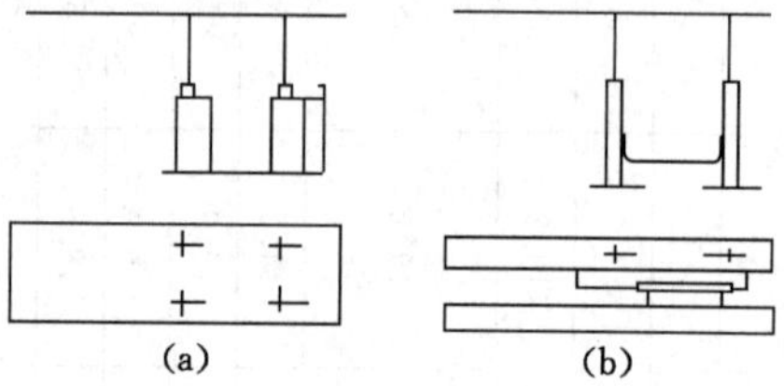


图 6-6 支撑式支架结构图

(a) 四柱垛式支架；(b) 两框节式支架

为掩护式支架。根据立柱布置和支架结构特点，掩护式支架可分为支掩掩护式支架和支顶掩护式支架。

支掩掩护式支架是指单排立柱支撑在掩护梁上的掩护式液压支架，该支架有插底和不插底两种形式。插底式配用专门的下部带托架的运输机，支架底座前部较长，伸入运输机下部，对底板比压小，是不稳定顶板和软底板工作面的主要架型，如 OKⅡ型支架，底座插入运输机下面，故顶梁较短，约 1.2 m，称为短顶梁插底式掩护支架。不插底式配用通用型运输机，如 ZYZ 型支架，底座与运输机脱开故顶梁较长，约 2 m 以上，称为长顶梁不插底式掩护支架，如图 6-7 所示。

(3) 支撑掩护式支架

支撑掩护式支架是在吸收了支撑式和掩护式两种支架优点的基础上发展起来的一种支架。这种支架以支撑为主，并有掩护作用。支撑掩护式支架的特点是：

① 支撑能力大，顶梁受力状态好，切顶性能强。

② 具有掩护梁，能有效地将工作空间和采空区隔开，防止矸石窜入。

③ 支架稳定性较好，有较大的工作空间，便于通风和行人。

④ 结构比较复杂，钢材用量多，造价高。

(4) 特种液压支架

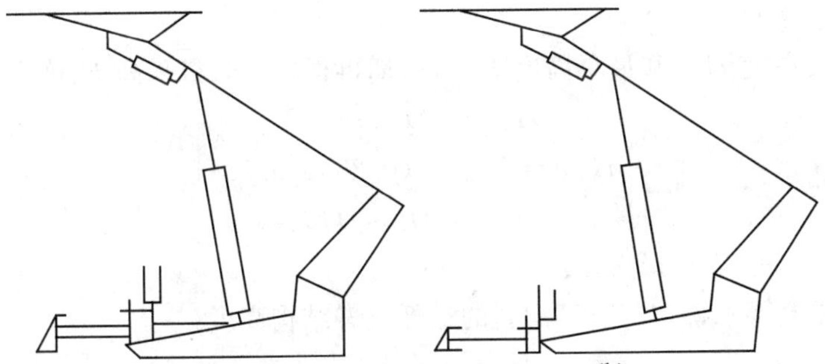


图 6-7 支掩掩护式支架
(a) 插底式;(b) 非插底式

特种液压支架是为满足某些特殊要求而发展起来的液压支架,如放顶煤液压支架、铺网液压支架、铺网放顶煤液压支架、大倾角液压支架等,它们在结构形式上仍属于上述某种基本架型。

6.3.4.3 液压支架主要工作参数的确定

(1) 支护强度

支架支护强度的确定既要保证对工作面顶板实现有效控制,又要满足回采工艺的各种要求。其计算公式为:

$$p = \max[p_1, p_2] \tag{6-28}$$

$$p_1 = M\gamma\cos\alpha(6 \sim 8) \tag{6-29}$$

$$p_2 = \frac{M\gamma k_d \beta\cos\alpha}{k-1} \tag{6-30}$$

式中 $p_1$,$p_2$——顶板载荷,MPa;

$M$——煤层厚度,m;

$\gamma$——支架顶部煤岩平均重度,kN/m$^3$;

$\alpha$——煤层平均倾角,(°);

$k_d$——支架顶板动载荷系数;

$\beta$——支架和顶板之间附加阻力系数;

$k$——顶板煤岩碎胀系数。

(2) 工作阻力(额定)

支架支护强度确定以后,工作阻力值主要取决于其控顶面积。支架控顶面积主要与工作面“三机”配套设备的断面纵向尺寸有关,工作面“三机”配套设备的断面纵向尺寸在采煤机、刮板运输机定型后方能准确确定。所以,此处确定的是额定工作阻力,待后续配套设备确定后再进行修正。

$$F \geqslant pB_cL/\eta \tag{6-31}$$

式中 $p$——首采区工作面额定支护强度,MPa;

$B_c$——控顶距,包括支架顶梁长度和梁端距离,m;

$L$——支架中心距;

$\eta$——支撑效率,主要取决于支架架型,即立柱在不同工作面状态的倾斜角度。

（3）支架高度 $H_z$

先确定最大高度 $H_{max}$ 和最小高度 $H_{min}$，后期再根据采煤机采高 $H_t$ 确定。

$$H_{max} = M_{max} + 0.2 \tag{6-32}$$

$$H_{min} = M_{min} - (0.25 \sim 0.35) \tag{6-33}$$

$$H_{min} \leqslant H_z \leqslant H_{max} \tag{6-34}$$

式中　$M_{max}$，$M_{min}$——煤层最大、最小厚度，m。

依采煤机采高要求确定“三机”配套的最低支架结构高度：

$$H_{min} = A + C + t \tag{6-35}$$

式中　$t$——支架顶梁厚度；

$A$——采煤机机身高度＋运输机高度＋采煤机底托架高度 $h_d$（自运输机中部计算起），底托架高度 $h_d$ 要保证过煤高度 $E>250 \sim 300$ mm；

$C$——采煤机机身上方的空间高度，按便于司机操作及留有顶板下沉量确定。

（4）支架的伸缩量和伸缩比

根据支架的伸缩量，可以确定立柱的行程。在工作面采高变化较大时，要用双伸缩立柱或采用机械加长段。

液压支架最大结构高度与最小结构高度之比称为伸缩比，即：

$$K = \frac{H_{max}}{H_{min}} \tag{6-36}$$

伸缩比 $K$ 反映了支架对采高变化的适应能力，$K$ 越大表示支架适应煤层变化的能力越大。薄煤层 $K$ 值宜为 $2.5 \sim 3.0$，中厚煤层 $K$ 值应不小于 $1.4 \sim 1.6$。两柱掩护式支架 $K$ 值可达 3.0，支撑掩护式支架 $K$ 值可达 $2.0 \sim 2.5$。

（5）初撑力

支架的初撑力是指在泵站工作压力作用下，支架全部立柱升起，顶梁与顶板接紧时支架对顶板的支撑力。

初撑力的作用是减缓顶板的早期下沉速度，增加顶板的稳定性，使支架尽快进入恒阻状态。

选取初撑力时应考虑以下几点：

① 直接顶顶板中等稳定以下，支架的初撑力一般应为工作阻力的 70%～80%。

② 机道上方的顶板稳定性较好时，适当的顶板下沉有利于减少顶板在采空区悬顶，故初撑力不宜过高，但不应低于工作阻力的 55%。

③ 对于基本顶来压强烈的工作面，为避免顶板大面积悬顶垮落时冲击负荷损坏机械设备，支架初撑力应适当加大，一般不低于工作阻力的 75%。

④ 当支架用于厚煤层的下分层时，若初撑力太小，在移架时容易形成大量的网兜而难于控顶，初撑力一般取采高的 2～3 倍的岩石重力。

（6）装配要求

由于底板截割不平，运输机产生偏斜，为了避免采煤机滚筒截割到顶梁，支架梁端与煤壁应留有无支护的间隙梁端距 $D$，为 200～400 mm，煤层薄时取小值，厚时取大值，从前柱到梁端的长度 $L$ 应为：

$$L = F - B - D - x(8 \sim 12) \tag{6-37}$$

式中 $F$——支架前柱到煤壁的无立柱空间，m；

$B$——截深，即采煤机滚筒的宽度，m；

$D$——支架梁端与煤壁应留有的无支护的间隙梁端距，m；

$x$——立柱斜置产生的水平增距，它可按立柱最大高度的投影计算。

从支护性能讲，梁端距 $D$ 越小，顶板覆盖率越大，但顶梁前部长度 $L$ 要加大，因而合适的梁端距需根据具体条件确定。

支架的宽度应与中部槽长度一致，推移千斤顶的行程最好应大于截深 100～200 mm。

(7) 放煤步距

放顶煤是综放工艺中最关键的工序，约 60% 的煤由支架的放煤口放出。开始放煤必须达到一个放煤步距。放煤步距的大小决定着放出率和煤炭质量，放煤步距选择偏大时，顶煤落入采空区，丢煤量大；放煤步距太小时，放不出煤，且采空区矸石大量涌入放煤口，影响煤质。

由多次现场经验得知，采煤机截深为 0.6 m 时放煤方式为两刀一放；截深为 0.8 m 和 1.0 m 时放煤方式为一刀一放。放煤步距要与支架放煤口的纵向尺寸的水平投影一致；与采煤机截深呈整数倍关系，可以是 1.2 m，0.8 m，1.0 m，实践证明合理的放煤步距为 1 m 左右。

#### 6.3.4.4 液压支架适用条件

前已述及，液压支架架型的选择，主要取决于液压支架的力学特性能否适应矿井的顶底板条件和地质条件。具体选择可根据原煤炭部(81)煤科字第 429 号文件“关于试用《缓倾斜煤层工作面顶板分类》”来选取，架型选择过程如下：

(1) 工作面顶板分类

工作面支架的选型和支架参数的选择由基本顶和直接顶级别确定。基本顶级别按基本顶来压强弱划分，基本顶来压强弱取决于垮落带岩石对采空区充满程度 $N$(直接顶厚度 $\sum h$ 与采高 $M$ 的比值)及基本顶来压步距 $L$，见表 6-9。直接顶稳定性分类见表 6-10。

**表 6-9　基本顶来压强度分级表**

| 分级 | Ⅰ | Ⅱ | Ⅲ | Ⅳ |
|---|---|---|---|---|
| 基本顶来压显现 | 不明显 | 明显 | 强烈 | 极强烈 |
| 指标 | $N>3\sim5$ | $0.3<N\leqslant3\sim5$<br>$L=25\sim50$ | $0.3<N\leqslant3\sim5, L>50$；<br>$N\leqslant0.3, L=25\sim50$ | $N\leqslant0.3$<br>$L>50$ |

**表 6-10　直接顶稳定性分类**

<table>
<tr><td colspan="2" rowspan="2">类别<br>指标</td><td>Ⅰ</td><td>Ⅱ</td><td>Ⅲ</td><td colspan="2">Ⅳ</td></tr>
<tr><td>不稳定顶板</td><td>中等稳定顶板</td><td>稳定顶板</td><td colspan="2">坚硬顶板</td></tr>
<tr><td>主要指标</td><td>强度指标 $D$</td><td>≤30</td><td>31～70</td><td>71～100</td><td>>120</td><td rowspan="2">无直接顶。岩层厚度在 2～5 m 以上，$\sigma_c>60\sim80$ MPa，节理裂隙间距和分层厚度大于 1 m 的整体岩层</td></tr>
<tr><td>参考指标</td><td>直接顶初次垮落步距 $l$/m</td><td>≤8</td><td>9～18</td><td>19～25</td><td>>25</td></tr>
</table>

(2) 支架适用条件

① 掩护式支架适用条件

在我国,掩护式支架多用于顶板比较破碎的工作面,通常适用于基本顶来压强度较低(动载系数 $k_d<1.5$),周期来压步距较为稳定,顶板比较破碎,顶板压力较小,底板比较坚硬,采高较大,但不易片帮的煤层。为扩大掩护式支架的使用范围,可通过提高支架初撑力和切顶能力,改进并完善梁端支护和防片帮装置,借此提高对基本顶来压的适应能力,改善梁端支护,防止煤壁片帮。从矿压特点看,掩护式支架使用效果良好的条件见表 6-11。

**表 6-11　使用效果良好的掩护式支架一般使用条件**

| 架型 | 基本顶来压呈现 | 动载系数 | 顶板稳定程度 | 顶板下沉系数/[mm/(m·m)] | 采高/m |
|---|---|---|---|---|---|
| 短托梁 | 缓和 | <1.2 | 破碎 | >30 | 约 2.7 |
| 柱支顶梁 | 明显 | 1.2～1.5 | 较稳定 | <25 | <4.0 |

* 顶板下沉系数是指每米采高每米推进度的顶板下沉量。

② 支撑掩护式支架适用条件

支撑掩护式支架较掩护式支架优点是:适应基本顶来压能力强($k_d>1.5$);由于实际初撑力和支护强度高,支护效率高、效果好;顶梁尾部支撑能力大,切顶能力强,有利于控制坚硬顶板;底座前端比压小,适于松软底板。其不足之处主要是由于顶梁较长,前端支撑能力略低于掩护式支架。从矿压特点看,支撑掩护式支架适用条件比掩护式支架广泛。支撑掩护式支架可适于Ⅰ至Ⅳ级基本顶、2 至 4 类直接顶板(表 6-11)。

③ 支撑式支架适用条件

支撑式支架仅适用于基本顶来压强度大,而水平推力小的稳定或坚硬顶板,如表 6-12 所示。

**表 6-12　各类顶板使用支架架型及支护强度**

| 基本顶级别 | Ⅰ | | | Ⅱ | | | Ⅲ | | | | Ⅳ |
|---|---|---|---|---|---|---|---|---|---|---|---|
| 直接顶级别 | 1 | 2 | 3 | 1 | 2 | 3 | 1 | 2 | 3 | 4 | 4 |
| 液压支架架型 | 掩护式 | 掩护式 | 支撑式 | 掩护式 | 掩护式或支撑掩护式 | 支撑式 | 支撑掩护式 | 支撑掩护式 | 支撑式或支撑掩护式 | 支撑式或支撑掩护式 | 支撑式(采高小于 2.5 m)或支撑掩护式(采高大于 2.5 m) |

| | | | | | | |
|---|---|---|---|---|---|---|
| 液压支架支护强度/(kN/m²) | 采高 1 m | 300 | 1.3×300 | 1.6×300 | >2×300 | 应结合深孔爆破、软化顶板等措施处理采空区 |
| | 采高 2 m | 350(250) | 1.3×350(250) | 1.6×350 | >2×350 | |
| | 采高 3 m | 450(350) | 1.3×450(350) | 1.6×450 | >2×450 | |
| | 采高 4 m | 550(450) | 1.3×550(450) | 1.6×550 | >2×550 | |

注:① 表中括号内数字系掩护式支架顶梁上的支护强度。

② 1.3,1.6,2 为增压系数。

③ 表中采高为最大采高。

6.3.4.5 液压支架选型原则

液压支架的选型，其根本目的是使综采设备适应矿井和工作面的条件，投产后能达到高产、高效、安全，并为矿井的集中生产、优化管理和最佳经济效益提供条件，因此必须根据矿井的煤层、地质、技术和设备条件进行选择。

(1) 支架结构应与煤层赋存条件相适应。一般情况下可根据顶板的级别查表 6-12 直接选出架型。

(2) 支护强度应与工作面矿压相适应。支架的初撑力和工作阻力要适应直接顶和基本顶岩层移动产生的压力，将空顶区的顶底板移近量控制到最限程度。

(3) 支护断面应与通风要求相适应，保证有足够的风量通过，而且风速不得超过《煤矿安全规程》的有关规定。对瓦斯涌出量大的工作面，应优先选用通风面积大的支撑式或支撑掩护式支架。

(4) 当煤层厚度超过 1.5 m，顶板有侧向推力或水平推力时，应选用抗扭能力强的支架，一般不宜选用支撑式支架。

(5) 当煤层厚度达到 2.5～2.8 m 以上时，需要选择有护帮装置的掩护式或支撑掩护式支架。煤层厚度变化大时，应选择调高范围较大的掩护式双伸缩立柱的支架。

(6) 应使支架对底板的比压不超过底板允许的抗压强度。在底板较软条件下，应选用有抬底装置的支架或插腿掩护式支架。

(7) 液压支架应与采煤机、刮板运输机等设备相匹配。支架的宽度应与刮板运输机中部槽长度相一致，推移千斤顶的行程应较采煤机截深大 100～200 mm，支架沿工作面的移架速度应能跟上采煤机的工作牵引速度，移架速度还应满足生产指标的要求，支架的梁端距应为 350 mm 左右。

(8) 在同时允许选用几种架型时，应优先选用价格便宜的支架。

(9) 断层十分发育，煤层变化过大，顶板的允许暴露面积在 5～8 m²，时间在 20 min 以上时，暂不宜采用综采。

6.3.4.6 型号示例

各类型支架的技术特征如表 6-13 至表 6-16 所示。

### 6.3.5 单体支柱选型

单体支柱应经过计算选型，其过程如下：

(1) 根据煤层厚度的变化和顶板下沉量来选择支柱

计算公式如下：

$$\begin{cases} H_{max} \geqslant M_{max} - b \\ H_{min} \leqslant M_{min} - S_L - b - a \end{cases} \tag{6-38}$$

式中 $H_{max}$，$H_{min}$——支柱最大、最小高度，mm；

$M_{max}$，$M_{min}$——最大、最小采高，应根据煤厚的变化来确定，mm；

$b$——顶梁厚度，mm，一般为 95.5 mm；

$a$——支柱的卸载高度，mm，一般取 50 mm；

$S_L$——最大控顶距处顶板平均最大下沉量，mm；

$$S_L = \eta ML \tag{6-39}$$

表 6-13 支撑式液压支架技术特征

| 支架型号 | 支架形式 | 支撑高度/m | 适用条件 | | | | 工作阻力/kN | 初撑力/kN | 操作方式 | 外形尺寸(长×宽×高)/mm | 支架中心距/mm | 支护强度/MPa | 对底板最大比压/MPa | 泵站工作压力/MPa | 安全阀开启压力/MPa | 支架移架步距/mm | 支架质量/t | 生产厂家 |
|---|---|---|---|---|---|---|---|---|---|---|---|---|---|---|---|---|---|---|
| | | | 煤层厚度/m | 煤层倾角/(°) | 顶板 基本顶(级) | 顶板 直接顶(类) | | | | | | | | | | | | |
| ZD1600/7/13(HZZC) | 支撑式 | 0.7～1.32 | | | | | 1 569.6 | 559 | | 3 400×900×700 | 1 200 | 0.365 | 1.04 | 14.7 | | | 2.43 | |
| ZD4000/9/17(TZIB) | 支撑式 | 0.91～1.715 | | | | | 3 924 | 1 236 | | 3 200×1 256×1 715 | 1 500 | 0.739 | 3.64<br>4.18 | 10.2 | | | 3.7 | |
| ZD2400/13/22(BZZC) | 支撑式 | 1.3～2.245 | | | | | 2 354 | 602 | | 3 798×1 040×1 500 | 1 200 | 0.51 | 2.07 | 10.2 | | | 4.18 | |

表 6-14 掩护式液压支架技术特征

| 支架型号 | 支架形式 | 支撑高度/m | 适用条件 | | | | 工作阻力/kN | 初撑力/kN | 操作方式 | 外形尺寸(长×宽×高)/mm | 支架中心距/mm | 支护强度/MPa | 对底板最大比压/MPa | 泵站工作压力/MPa | 安全阀开启压力/MPa | 支架移架步距/mm | 支架质量/t | 生产厂家 |
|---|---|---|---|---|---|---|---|---|---|---|---|---|---|---|---|---|---|---|
| | | | 煤层厚度/m | 煤层倾角/(°) | 顶板 基本顶(级) | 顶板 直接顶(类) | | | | | | | | | | | | |
| BY300 11/28 | 掩护式 | 1.1～2.8 | 1.3～2.8 | <30 | Ⅰ,Ⅱ | 1,2 | 3 000 | 1 632～2 014 | 邻架 | 4 833×1 420×1 100 | 1 500 | 0.55 | 1.17<br>2.48 | 31.5 | 43.3 | 600 | 9.24 | 北京煤机厂 |
| ZY2400/10/26 | 掩护式 | 1.0～2.6 | 2.4 | ≤25 | Ⅱ | 2 | 2 400 | 1 256 | 邻架 | 4 850×1 430×1 000 | 1 500 | 0.45 | 2.56 | 20 | 38.1 | 700 | 8.5 | 平阳机械厂 |
| ZY3200/13/32 | 掩护式 | 1.3～3.2 | 3.0 | ≤35 | Ⅱ | 2 | 3 200 | 2 400 | 邻架 | 5 000×1 400×1 300 | 1 500 | 0.61 | 2.56 | 31.4 | 42 | 700 | 9.5 | 平阳机械厂 |
| ZY6400/09/20D(电液控制) | 掩护式 | 0.9～2.0 | | | | | 5 400 | 5 056 | 电液控制 | 长×宽=5 430×1 440 | 1 500 | 0.773～0.99 | 2.5 | 31.5 | 39.8 | 600 | | 北京煤机厂 |

表 6-15 支撑掩护式液压支架技术特征

| 支架型号 | 支架形式 | 支撑高度/m | 适用条件 | | 顶板 | | 工作阻力/kN | 初撑力/kN | 操作方式 | 外形尺寸（长×宽×高）/mm | 支架中心距/mm | 支护强度/MPa | 对底板最大比压/MPa | 泵站工作压力/MPa | 安全阀开启压力/MPa | 支架移架步距/mm | 支架质量/t | 生产厂家 |
|---|---|---|---|---|---|---|---|---|---|---|---|---|---|---|---|---|---|---|
| | | | 煤层厚度/m | 煤层倾角/(°) | 基本顶（级） | 直接顶（类） | | | | | | | | | | | | |
| ZZ4000/17/35 | 支撑掩护式 | 1.7～3.5 | 2.1～3.5 | ≤25 | Ⅰ，Ⅱ | 2 | 4 000 | 1 884 | 邻架 | 5 673×1 420×1 700 | 1 500 | 0.78 | 2.15 | 25 | 31.84 | 700 | 10.5 | 平阳机械厂 |
| ZZ3600/23/47(B) | 支撑掩护式 | 2.3～4.7 | | <15 | | | 5 600 | 5 000 | 邻架 | 长×宽＝6 100×1 500 | | 0.98 | | | 31.5 | 700 | 19.5 | 北京煤机厂 |
| ZZS5600—14/28 | 支撑掩护式 | 1.4～2.8 | 1.6～2.6 | ≤20 | Ⅳ | 3 | 5 600 | 4 810 | 先导邻架 | 5 830×1 450×1 400 | 1 500 | 0.73～0.98 | 2.9 | 24.5 | 28.5 | 700～900 | 17.4 | 重庆庆江机械厂 |
| ZZ6000/25/50 | 支撑掩护式 | 2.5～5.0 | | <20 | | | 6 000 | 5 643 | 本架 | 长×宽＝6 000×1 430 | 1 500 | 0.89～0.97 | 0.87 | 31.4 | | 700 | 21.518 | 北京煤机厂 |
| ZZS5600A/14/28 | 支撑掩护式 | 2.8～1.4 | 1.5～2.7 | ≤15 | Ⅰ～Ⅳ | 1～2 | 5 600 | 4 800 | 邻架先导 | 5 830×1 450×1 400 | | 0.98 | 2.9 | 31.5 | | | 17.3 | 天地公司 |
| ZZ7200/20.5/32 | 支撑掩护式 | 2.05～3.2 | 3.0 | ≤15 | Ⅰ～Ⅱ | 2～3 | 7 200 | 5 216 | 邻架 | 3 625×1 420×2 050 | | 1.03 | 4.35 | 31.4 | 43.3 | 750 | 17.0 | 平阳机械厂 |

表 6-16　　放顶煤液压支架技术特征

| 支架型号 | 支架形式 | 支撑高度/m | 适用条件 | | | | 工作阻力/kN | 初撑力/kN | 操作方式 | 外形尺寸（长×宽×高）/mm | 支架中心距/mm | 支护强度/MPa | 对底板最大比压/MPa | 泵站工作压力/MPa | 安全阀开启压力/MPa | 支架移架步距/mm | 支架质量/t | 生产厂家 |
|---|---|---|---|---|---|---|---|---|---|---|---|---|---|---|---|---|---|---|
| | | | 煤层厚度/m | 煤层倾角/(°) | 顶板 | | | | | | | | | | | | | |
| | | | | | 基本顶（级） | 直接顶（类） | | | | | | | | | | | | |
| ZFS2800/15/28 | | 1.55～2.8 | 5～14 | ≤15 | Ⅱ | 2 | 2 800 | 2 000 | | 2 700×1 430×1 500 | | 0.511 | 1.16～1.3 | 31.36 | | | 10 | 郑州煤机厂 |
| ZFS4800—16/26B | 支撑掩护式 | 1.6～2.6 | | ≤35 | | | 4 800 | 3 985 | 本架 | 6 012×1 420×1 600 | 1 500 | 0.91 | 1.29 | 31.5 | | 600 | 18.39 | 北京煤机厂 |
| ZFD5600/24/32 | | 1.6～3.2 | 中厚 | ≤15 | Ⅰ～Ⅱ | 1,2 | 2 578 | 1 897 | | 5 210×1 434×1 600 | | 1.008 | 1.11 | 31.36 | | | 15.2 | 郑州煤机厂 |
| ZFS6200/18/35 | 低位放顶煤 | 1.8～3.5 | 6.0～10 | <20 | Ⅰ～Ⅱ | 1～2 | 6 200 | 5 232 | 本架、邻架 | | 1 500 | 0.8～0.86 | 1.9 | 31.5 | | | 21.695 | 北京煤机厂（已用于兖矿集团） |
| ZF3700/17/28 | 支撑式放顶煤 | 1.7～2.8 | 4～12 | | | | 3 700 | 3 196 | | | 0.69～0.70 | 1.1 | | | | | 11.3 | 天地公司 |
| ZF4800/17/28H | 大插板放顶煤 | 1.7～2.8 | 5～15 | | | | 4 800 | 3 946 | | | | 0.72～0.73 | 0.5 | | | | 16.5 | 天地公司 |

$L$——最大控顶距,mm;

$\eta$——下沉系数,对于全部垮落法在0.025~0.05范围内取值。

(2) 确定支柱密度

一般根据顶板的稳定性及现场邻近采区或类似工作面的支柱密度来确定柱距和排距。排距和顶梁的长度应当与截深(炮采为爆破进尺)相等或呈整倍数(多为增加一倍长),因此,一般可以根据截深的大小选取金属铰接顶梁,排距即可以确定。所以,支护密度最后可归结为确定柱距。柱距设计计算过程如下:

第一步,先估算工作面压力$F'$的大小,用下式计算:

$$F' = (4 \sim 8)M\gamma \tag{6-40}$$

式中 $M$——采高,m;

$\gamma$——岩石的平均重度,$kN/m^3$,取2.0~2.6 $kN/m^3$。

第二步,计算工作面支柱密度$G$(根/$m^2$),可用下式计算:

$$G = \frac{F'}{\eta p_z} \tag{6-41}$$

式中 $p_z$——支柱额定工作阻力,kN/根;

$\eta$——支柱工作阻力实际利用系数,单体液压支柱取0.85,急增阻摩擦支柱取0.40,微增阻摩擦支柱取0.50。

第三步,确定最大、最小控顶距:

最大控顶距是指从煤壁向采空区的工作空间允许达到的最大宽度。最小控顶距是指回柱放顶后,使工作空间保留的回采工作所需的最小宽度。两者之差称为放顶步距。

普采和炮采最小控顶距应包括三个空间,即机道、行人道和材料道,机道宽一般为排距加200~300 mm的顶梁前端面距,所以宽度一般为1.0~1.2 m,行人道和材料道宽度等于排距(截深);最大控顶距等于最小控顶距加放顶步距,放顶步距应由顶板性质和截深来确定,一般为截深的1~2倍。

液压支架的最大控顶距=顶梁长+前梁长+截深+端面距(250~400 mm) (6-42)

液压支架的最小控顶距=顶梁长+前梁长+端面距(250~400 mm) (6-43)

第四步:计算柱距:

按最大、最小控顶距和工作面长度算出整个工作面需要支护的面积,根据不同的支柱布置形式(如齐梁齐柱、错梁齐柱……)和排距,即可计算出柱距的大小。应当注意,若计算结果柱距小于0.5 m,由于过人不便,应当调整支柱布置形式,如用连锁棚等形式,留出部分大于0.5 m的空间。

## 6.4 编制循环图表及劳动组织

(1) 确定作业形式与循环方式

《煤炭工业矿井设计规范》规定井下工作制度为"四六制",可以采用"三采一准"、"两采两准"、"四班交叉"等作业形式。

确定作业形式除了与采煤工艺有密切关系外,还与工人劳动组织有密切关系。劳动组织是以循环作业形式为基础的,劳动组织是否与作业形式配合及组织得好不好,会影响工作面的产量和效率。长壁工作面的劳动组织一般有下列三种：

① 分段作业：是以综合作业小组为基础的组织形式，是我国目前采用最广泛的形式。

② 追机作业：是以专业小组为基础的组织形式，便于实行工种岗位制、工作效率高，必要时也可考虑这种形式。

③ 分段接力追机作业：是上述两种组织形式的综合，在长度较大的普采和综采工作面可用这种形式。

工作面循环方式通常分为一日单循环和一日多循环两种。实行正规循环作业，是煤矿生产中一项行之有效的科学的作业制度。在说明书中应强调坚持正规循环作业的必要性。设计时应注意不同工艺的循环完成标志，一般：

单体柱面：以工作面回柱放顶为标志；

综采面：以移架为标志。

(2) 工序安排

首先安排主要工序，即拟定主要矛盾线，再安排其余工序，各工序间在《煤矿安全规程》允许的情况下，尽可能平行交叉作业。

(3) 编制工人定员出勤表

在矿山实际工作中和正规设计时应按工种劳动定额进行计算或排列出来。毕业设计可作简化，一般可按现场收集到的《工作面作业规程》或《采矿工程设计手册》、教材中所举实例确定。

# 7 矿井通风与安全

矿井通风设计是整个矿井设计内容的重要组成部分，是保证安全生产的重要环节。因此，必须周密考虑，精心设计，力求实现预期效果。其基本任务是建立一个安全可靠、技术先进、经济合理的矿井通风系统。设计本章内容时，应根据第 1 章、第 4 章和第 5 章的内容，简要介绍本井田及邻近矿井瓦斯、煤尘、自燃及突出等情况，作为矿井通风与安全设计的根据。

本章的主要设计内容包括：

(1) 确定矿井通风方式；

(2) 确定矿井通风系统，绘制矿井通风容易时期和通风困难时期的通风系统立体图和网络图；

(3) 计算矿井总风量和总阻力；

(4) 确定矿井主要通风机及其电机。

## 7.1 矿井通风系统的确定

矿井通风系统包括：通风方式（进、出风井的布置方式）；通风方法（矿井主要通风机的工作方法）；通风网路。

### 7.1.1 矿井通风系统的基本要求

选择任何通风系统，都要符合投产较快、出煤较多、安全可靠、技术经济指标合理等总原则。具体地说，要适应以下基本要求：

(1) 矿井必须至少有 2 个能行人的通达地面的安全出口；

(2) 进风井口要有利于防洪，不受粉尘等有害气体污染；

(3) 北方矿井，冬季井口需装供暖设备；

(4) 总回风巷不得作为主要行人道；

(5) 工业广场不得受通风机的噪声干扰；

(6) 装有胶带机的井筒不得兼作回风井；

(7) 装有箕斗的井筒不得作为主要进风井；

(8) 可以独立通风的矿井，采区尽可能独立通风；

(9) 通风系统要为防瓦斯、火、尘、水及高温创造条件；

(10) 通风系统要有利于深水平或后期通风系统的发展变化。

此外，《煤炭工业矿井设计规范》规定，矿井通风系统应根据矿井瓦斯等级及瓦斯涌出量，结合矿井开拓与开采、矿井设计生产能力、地温、煤层自燃倾向性等，通过技术经济比较后确定，并应符合下列规定：

(1) 矿井通风方法宜采用抽出式，当地形复杂、露头发育、老窑多，采用多风井通风有利时，可采用压入式通风。

(2) 有煤(岩)与瓦斯(二氧化碳)突出危险的矿井、高瓦斯矿井、煤层容易自燃的矿井及有热害的矿井，应采用对角式或分区式通风；当井田范围较大时，初期可采用中央式通风，但1个回风井只能服务1个采区生产，并应逐步过渡为对角式或分区式通风。

### 7.1.2 矿井通风方式的选择

选择矿井通风方式时，应考虑以下两种因素：

(1) 自然因素：煤层赋存条件、埋藏深度、冲击层深度、矿井瓦斯等级。

(2) 经济因素：井巷工程量、通风运行费、设备装备费。

一般说来，新建矿井通风方式多数是在中央并列式、中央分列式、两翼对角式和分区对角式中选择。下面对这几种通风方式的优缺点及适用条件列表比较，见表7-1。

表7-1　　通风方式比较

| 通风方式 | 中央并列式 | 中央分列式 | 两翼对角式 | 分区对角式 |
|---|---|---|---|---|
| 优点 | 初期投资较少，工业场地布置集中，工业广场保护煤柱少 | 通风阻力较小，内部漏风小，增加1个安全出口，工业广场没有主要通风机的噪声影响；从回风系统铺设防尘洒水管路系统比较方便 | 风路较短，阻力较小，采空区的漏风较小，比中央并列式安全性更好 | 通风路线短，通风阻力小 |
| 缺点 | 风路较长，风阻较大，采空区漏风较大 | 建井期限略长，有时初期投资稍大，后期维护费用大 | 建井期限略长，有时初期投资稍大 | 井筒数目多，基建费用多 |
| 适用条件 | 煤层倾角大、埋藏深，但走向长度并不大，而且瓦斯、自然发火都不严重 | 煤层倾角较小，埋藏较浅，走向长度不大，而且瓦斯、自然发火比较严重 | 煤层走向较大（超过4 km），井型较大，煤层上部距地表较浅，瓦斯和自然发火严重的新矿井 | 煤层距地表浅，或因地表高低起伏较大，无法开掘浅部的总回风道 |

### 7.1.3 矿井通风方法的选择

通风方法，即矿井主要通风机的工作方法。矿井通风方法分为抽出式和压入式两种。现将两种工作方法的优缺点对比如下：

(1) 抽出式主要通风机使井下风流处于负压状态，一旦主要通风机因故停止运转时，井下风流的压力提高，有可能使采空区瓦斯涌出量减少，比较安全。

(2) 压入式主要通风机使井下风流处于正压状态，当主要通风机停转时，风流压力降低，有可能使采空区瓦斯涌出量增加，比较危险。

(3) 采用压入式通风时，须在矿井总进风路线上设置若干构筑物，使通风管理工作比较困难，漏风较大。

(4) 在地面小窑塌陷区分布较广，并和采区相沟通的条件下，用抽出式通风，会把小窑积存的有害气体抽到井下，同时使通过主要通风机的一部分风流短路，总进风量和工作面有效风量都会减少。用压入式通风,则能用一部分回风流把小窑塌陷区的有害气体带到地面。

(5) 如果能够严防总进风路线上的漏风,则压入式主要通风机的规格尺寸和通风电力费用都较抽出式小。

(6) 在由压入式通风过渡到深水平抽出式通风时,有一定困难,过渡时期是新旧水平同时产生,战线较长,有时还须额外增加一些井巷工程,使过渡期限拉得过长。如果用抽出式通风,就没有这些缺点。

矿井通风方法宜采用抽出式通风。

### 7.1.4 采区通风系统的要求

#### 7.1.4.1 采区通风总要求

(1) 能够有效地控制采区内风流方向、风量大小和风质;

(2) 漏风少;

(3) 风流的稳定性高;

(4) 有利于排放瓦斯,防止煤尘自燃和防尘;

(5) 有较好的气候条件;

(6) 安全、经济。

#### 7.1.4.2 采区通风的基本要求

(1) 每个采区必须有单独的回风道,实行分区通风,回采面和掘进面都应采用独立通风,不能串联;

(2) 工作面尽量避免位于角联分支上,要保证工作面风向稳定;

(3) 煤层倾角大于12°时,不能采用下行风;

(4) 采煤工作面的风速不得低于1 m/s;

(5) 工作面回风流中瓦斯浓度不得超过1%;

(6) 必须保证通风设施(风门、风桥、风筒)规格质量要求;

(7) 要保证风量按需分配,尽量使通风阻力小、风流畅通。

### 7.1.5 工作面通风方式的确定

工作面通风有上行风和下行风之分,以下是上行通风和下行通风两种通风方式的优缺点比较:

(1) 上行风风速小时,可能会出现瓦斯分层流动和局部积聚,下行风时,瓦斯和空气混合能力大,不易出现分层和局部积聚;

(2) 上行风途中瓦斯被带入工作面,工作面瓦斯浓度大,下行风途中瓦斯被带入回风巷,工作面瓦斯浓度小;

(3) 上行风须把风流引导到最低水平,然后上行,路线长,风流被地温加热程度大,且运输设备发热量也加入,故工作面温度高;

(4) 上行风上隅角瓦斯浓度常超限,限制生产能力;

(5) 下行风运输设备在回风巷运转安全性差;

(6) 下行风比上行风所需的机械风压大,因为要克服自然风压,且一旦停风机,工作面风向逆转;

(7) 下行风工作面若有火源,产生火风压与机械风压相反,会使工作面风量减少,甚至反风，导致瓦斯浓度上升引爆，故下行风在起火地点瓦斯爆炸的可能性比上行风大。

工作面通风方式应根据矿井准备方式和地质条件综合考虑，宜采用上行通风方式。

### 7.1.6 采煤工作面进回风巷道的布置

工作面的通风方式视瓦斯涌出量、开采工作条件和开采技术而异，按工作面进、回风巷的数量和位置，可分为U形、Y形、W形、Z形等通风方式，其中U形应用最为广泛。

“U”形通风系统，工作面采用后退式回采。上、下巷在煤体中维护，风流系统简单，漏风量小。但风流线路长，变化大，工作面隅角易积聚瓦斯。这种通风方式如果瓦斯不太大，工作面通风能满足要求即可采用。

“Y”形通风系统，工作面采用后退式回采。上、下巷同时进风，可以稀释回风流中的瓦斯，防止工作面隅角积聚瓦斯，改善回风巷的气象条件。但需要边界准备专用回风上山，从而增加巷道掘进、维护费用。

“Z”形通风系统，工作面采用前进式或沿倾斜方向回采。回风巷在煤体前方维护，须预先掘进，上、下巷同时进风，在相同风速下，风量可增大一倍；但进风巷在采空区内维护，密封不好，漏风量大。

“W”形通风系统，工作面采用后退式回采。进、回风巷均在煤体中维护，工作面通过风量大，有利于工作面降温和排除瓦斯。

根据以上的对比并结合矿井实际，选择合理的进回风巷道布置方式，也可根据设计情况选择其他方式。

### 7.1.7 矿井通风容易时期与困难时期确定

矿井生产时的通风包括全矿井开拓、准备和采煤以及其他井巷的通风。这一时期的通风设计，根据矿井生产年限的长短分为以下两种情况：

(1) 矿井服务年限不长时(15～20 a)，只做一次通风设计。矿井达产后，通风阻力最小时为矿井通风容易时期；矿井通风阻力最大时为矿井通风困难时期。依据这两个时期的生产情况进行设计计算，并选出对这两个时期的通风皆适宜的通风设备。

(2) 矿井服务年限较长时，考虑到通风设备选型、矿井所需风量和风压的变化因素等，又需分为两个时期进行通风设计。第一水平为第一时期，对该时期内通风容易和通风困难两种情况详细地进行设计计算。第二时期的通风设计只做一般的原则规划，但对矿井通风系统，应根据矿井整个生产时期的技术经济因素作出全面的考虑，以使确定的通风系统既可适应现实生产的需要，又能照顾长远的生产发展与变化情况。

毕业设计时，只需将头25 a的开采范围作为服务范围，对于服务范围之外的通风系统，设计中只作粗略考虑。对于“一矿一面”式的矿井，一般通风路线最短时为通风容易时期，通风路线最长时为通风困难时期。通风容易时期和困难时期的通风立体图与网络图要详细绘制，作为后面计算的基础。

## 7.2 局部通风设计

选择合理的局部通风方法、风筒类型与直径，计算局部通风阻力，选择局部通风机及掘进通风安全技术措施、装备。

### 7.2.1 设计原则及步骤

#### 7.2.1.1 设计原则

根据开拓、准备、回采巷道布置、掘进区域煤岩层的自然条件以及掘进工艺，确定合理的局部通风方法及其布置方式，选择风筒类型和直径，计算风筒出入口风量，计算风筒通风阻力，选择局部通风机。

局部通风是矿井通风系统的一个重要组成部分，其新风取自矿井主风流，其污风又排入矿井主风流。其设计原则可归纳如下：

(1) 矿井和采区通风系统设计应为局部通风创造条件。

(2) 局部通风系统要安全可靠、经济合理和技术先进。

(3) 尽量采用技术先进的低噪、高效型局部通风机。

(4) 压入式通风宜用柔性风筒，抽出式通风宜用带刚性骨架的可伸缩风筒或完全刚性的风筒。风筒材质应选择阻燃、抗静电型。

(5) 当一台风机不能满足通风要求时，可考虑选用两台或多台风机联合运行。

#### 7.2.1.2 设计步骤

(1) 确定局部通风系统，绘制掘进巷道局部通风系统布置图。

(2) 按通风方法和最大通风距离，选择风筒类型与直径。

(3) 计算风机风量和风筒出口风量。

(4) 按掘进巷道通风长度变化，分阶段计算局部通风系统总阻力。

(5) 按计算所得局部通风机设计风量和风压，选择局部通风机。

(6) 按矿井灾害特点，选择配套安全技术装备。

#### 7.2.1.3 掘进通风方法

掘进通风方法分为利用矿井内总风压通风和利用局部动力设备通风的方法，局部通风机通风是矿井广泛采用的掘进通风方法，它是由局部通风机和风筒(或风障)组成一体进行通风，按其工作方式可分为：① 压入式通风；② 抽出式通风；③ 混合式通风。

### 7.2.2 掘进工作面所需风量计算及设计

《煤矿安全规程》规定：矿井必须采取局部通风措施。煤巷、半煤岩巷和岩巷掘进工作面的风量，应按下列因素分别计算，取其最大值。

(1) 按瓦斯(二氧化碳)涌出量计算

$$Q_{jj} = \frac{100Q_{CH_4}K_j}{60} \tag{7-1}$$

式中 $Q_{jj}$——掘进工作面实际需风量，$m^3/s$；

$Q_{CH_4}$——掘进工作面平均绝对瓦斯涌出量，$m^3/min$；

$K_j$——掘进工作面因瓦斯涌出不均匀的备用风量系数，即掘进工作面最大绝对瓦斯涌出量与平均绝对瓦斯涌出量之比，通常，机掘工作面取1.5～2.0，炮掘工作面取1.8～2.0。

(2) 按炸药使用量计算

$$Q_{jj} = 25A_j/60 \tag{7-2}$$

式中 25——使用 1 kg 炸药的供风量，$m^3/min$；

$A_j$——掘进工作面一次爆破所用的最大炸药量，kg。

(3) 按工作人员数量计算

$$Q_{jj} = 4N_j/60 \tag{7-3}$$

式中 $N_j$——掘进工作面同时工作的最多人数，人。

(4) 按风速进行验算

岩巷掘进工作面的风量应满足：

$$0.15S_j \leqslant Q_{jj} \leqslant 4S_j \tag{7-4}$$

煤巷、半煤岩巷掘进工作面的风量应满足：

$$0.25S_j \leqslant Q_{jj} \leqslant 4S_j \tag{7-5}$$

式中 $S_j$——掘进工作面巷道过风断面积，$m^2$。

### 7.2.3 掘进通风设备选择

#### 7.2.3.1 风筒的选择

(1) 风筒的种类

掘进通风使用的风筒有金属风筒和帆布、胶布、人造革等柔性风筒。柔性风筒重量轻，易于贮存和搬运，连接和悬吊也简单，胶布和人造革风筒防水性能好，且柔性风筒适于压入式通风，因此可选用直径为600 mm的胶布风筒。胶布风筒特性如表 7-2 所示。

表 7-2 胶布风筒特性表

| 风筒直径/mm | 接头方式 | 百米风阻/[(N·s²)/m⁸] | 节长/m |
|---|---|---|---|
| 400 | 单反边 | 314 | 10 |
| 700 | 双反边 | 14.7 | 30 |
| 1 000 | 双反边 | 2.0 | 50 |

选用风筒要与局部通风机选型一并考虑，其原则是：

① 风筒直径能保证最大通风长度时，局部通风机供风量能满足工作面通风的要求。

② 在巷道断面容许的条件下，尽可能选择直径较大的风筒，以降低风阻，减少漏风，节约通风电耗。一般来说，立井凿井时，选用直径为 600～1 000 mm 的铁风筒或玻璃钢风筒；通风长度在 200 m 以内宜选用直径为 400 mm 的风筒，通风长度 200～500 m 宜选用直径为 500 mm 的风筒，通风长度 500～1 000 m 宜选用直径为 800～1 000 mm 的风筒。

(2) 风筒漏风

正常情况下，金属和透气性极小的塑料风筒的漏风主要发生在接头处；胶皮风筒不仅接头而且全长的壁面和针眼都有漏风，所以风筒漏风属连续的均匀的漏风。漏风使风筒和局部通风机连接端的风量 $Q_f$ 与风筒靠近工作面的风量 $Q_h$ 不等。因此，应按始末端风量的几何平均值作为通过风筒的风量 $Q$，即：

$$Q = \sqrt{Q_f Q_h} \tag{7-6}$$

显然，$Q_f$与$Q_h$之差是风筒的漏风量$Q_l$，它与风筒种类，接头数目、方法和质量以及风筒直径，风压有关，而更主要的是与风筒的维护和管理密切相关。反映风筒漏风程度的指标参数有三：

① 风筒漏风率

风筒漏风率，是指风筒漏风量占局部通风机工作风量的百分数：

$$L_e = \frac{Q_l}{Q_f} \times 100\% = \frac{Q_f - Q_h}{Q_f} \times 100\% \tag{7-7}$$

② 风筒有效风量率

风筒有效风量率，是指掘进工作面风量占局部通风机工作风量的百分数：

$$p_e = \frac{Q_h}{Q_f} \times 100\% = \frac{Q_f - Q_l}{Q_f} \times 100\% = (1 - L_e) \times 100\% \tag{7-8}$$

③ 风筒漏风备用系数

风筒漏风备用系数，等于风筒有效风量率的倒数：

$$p_q = \frac{Q_f}{Q_h} = \frac{Q_f}{Q_f - Q_l} = \frac{1}{p_e} = \frac{1}{1 - L_e} \tag{7-9}$$

柔性风筒的 $p_q$值可用下式计算：

$$p_q = \frac{1}{1 - nL_{ei}} \tag{7-10}$$

式中　$n$——接头数；

$L_{ei}$——一个接头的漏风率，插接时取 0.01～0.02，反边连接时取 0.005。

7.2.3.2　局部通风机的选择

(1) 局部通风机工作风量 $Q_f$

根据掘进工作面所需风量 $Q_h$和风筒的漏风情况，用下式计算局部通风机的工作风量。

$$Q_f = p_q Q_h \tag{7-11}$$

(2) 局部通风机的工作风压 $H$

局部通风机风压用于克服风筒的通风阻力，由于风筒漏风，计算风筒通风阻力时，应按通风方式不同选用不同方法。

压入式通风时，设风筒出口动压损失为 $h_v$，则局部通风机的全压 $H_t$为：

$$H_t = R_f Q_f Q_h + h_v = R_f Q_f Q_h + 0.811\rho \frac{Q_h^2}{D^4} \tag{7-12}$$

式中　$R_f$——压入式风筒的总风阻。

抽出式通风时，设风筒的入口局部阻力系数 $\xi_e = 0.5$，则局部通风机静压 $H_s$为：

$$H_s = R_f Q_f Q_h + 0.406\rho \frac{Q_h^2}{D^4} \tag{7-13}$$

(3) 局部通风机选型

根据需要的 $Q_f$，$H_t$，$H_s$值在各类局部通风机特性曲线上确定局部通风机的合理工作范围，选择长期运行效率高的局部通风机。

由于轴流式局部通风机具有体积小、便于安装、串联运转效率高等优点，被广泛采用。

## 7.3 矿井风量计算及风量分配

### 7.3.1 矿井需风量计算

对设计矿井的风量，可按两种情况分别计算：

一种是新矿区无邻近矿井通风资料可参考时，矿井需要风量应按设计中井下同时工作的最多人数和按吨煤瓦斯涌出量的不同的吨煤供风量计算，并取其中最大值。在矿井设计时，根据地质勘探时测定的煤层瓦斯含量，结合矿井地质条件和开采条件计算出吨煤瓦斯涌出量，再计算矿井需风量。

另一种是依据邻近生产矿井的有关资料，按生产矿井的风量计算方法进行。其原则是：矿井的供风量应保证符合矿井安全生产的要求，使风流中瓦斯、二氧化碳、氢气和其他有害气体的浓度以及风速、气温等必须符合《煤矿安全规程》有关规定，创造良好的劳动环境，以利于生产的发展。课程设计是在收集实习矿井资料基础上进行的，故可按此种方法计算矿井风量。即按生产矿井实际资料，分别计算设计矿井采煤工作面、掘进工作面、硐室等所需风量，得出全矿井需风量，即"由里往外"计算方法。

7.3.1.1 生产工作面、备用工作面需要风量

每个采煤工作面实际需要风量，应按瓦斯、二氧化碳涌出量和爆破后的有害气体产生量以及工作面气温、风速和人数等规定分别进行计算，然后取其中最大值。

（1）瓦斯矿井的采煤工作面按气象条件或瓦斯涌出量（用瓦斯涌出量计算，采用高瓦斯计算公式）确定需要风量，其计算公式为：

$$Q_{cj} = Q_{jb} K_{cg} K_{cc} K_{cw} \tag{7-14}$$

式中 $Q_{cj}$——采煤工作面需要风量，$m^3/s$；

$Q_{jb}$——不同采煤方式工作面所需的基本风量，$m^3/s$，$Q_{jb}$＝工作面控顶距×工作面实际采高×70%（工作面有效断面积）×适宜风速（不小于 1 m/s）；

$K_{cg}$——采煤工作面采高调整系数（见表 7-3）；

$K_{cc}$——采煤工作面长度调整系数（见表 7-4）；

$K_{cw}$——采煤工作面温度调整系数（见表 7-5）。

表 7-3 采煤工作面采高调整系数 $K_{cg}$

| 采高/m | <2.0 | 2.0～2.5 | 2.5～5.0 及放顶煤面 |
|---|---|---|---|
| $K_{cg}$ | 1.0 | 1.1 | 1.5 |

表 7-4 采煤工作面长度调整系数 $K_{cc}$

| 采煤工作面长度/m | 80～150 | 150～200 | >200 |
|---|---|---|---|
| $K_{cc}$ | 1.0 | 1.0～1.3 | 1.3～1.5 |

表 7-5 采煤工作面温度与对应风速、调整系数 $K_{cw}$

| 采煤工作面温度/℃ | 采煤工作面风速/(m/s) | $K_{cw}$ |
|---|---|---|
| <18 | 0.3～0.8 | 0.90 |
| 18～20 | 0.8～1.0 | 1.00 |
| 20～23 | 1.0～1.5 | 1.00～1.10 |
| 23～26 | 1.5～1.8 | 1.10～1.25 |
| 26～28 | 1.8～2.5 | 1.25～1.40 |
| 28～30 | 2.5～3.0 | 1.40～1.60 |

(2) 高瓦斯矿井按照瓦斯(或二氧化碳)涌出量计算。

根据《煤矿安全规程》规定，按采煤工作面回风流中瓦斯(或二氧化碳)的浓度不超过1%的要求计算：

$$Q_{cj} = 100q_c K_{CH_4} \tag{7-15}$$

式中 $Q_{cj}$——采煤工作面实际需要风量，$m^3/s$；

$q_c$——采煤工作面回风巷风流中瓦斯(或二氧化碳)的平均绝对涌出量，$m^3/s$；

$K_{CH_4}$——采煤工作面瓦斯涌出不均衡通风系数(是指正常生产条件下，连续观测1个月，日最大绝对瓦斯涌出量与日平均绝对瓦斯涌出量的比值)。

工作面布置有专用排瓦斯巷(俗称尾巷，且符合《煤矿安全规程》的规定)的采煤工作面风量计算：

$$Q_{cj} = Q_{ch} + Q_{cp} \tag{7-16}$$

$$Q_{ch} = 100q_c K_{CH_4} \tag{7-17}$$

$$Q_{cp} = \frac{q_{CH_4 p}}{2.5\%} K_{CH_4} \tag{7-18}$$

式中 $q_{CH_4 p}$——采煤工作面尾巷的风排瓦斯量，$m^3/s$。

其他符号的含义同上。

(3) 按工作面温度选择适宜的风速进行计算(见表 7-5)。

$$Q_{cj} = v_c S_c \tag{7-19}$$

式中 $v_c$——采煤工作面风速，m/s；

$S_c$——采煤工作面的平均断面积，$m^2$。

(4) 按采煤工作面同时作业人数计算。

每人供风不小于 4 $m^3/min$，则：

$$Q_{cj} = \frac{4N}{60} \tag{7-20}$$

式中 $N$——采煤工作面同时工作人数。

(5) 按一次爆破最大炸药量计算。

每千克炸药供风不小于 25 $m^3/min$，则：

$$Q_{cj} = \frac{25A}{60} \tag{7-21}$$

式中 $A$——一次爆破炸药最大用量，kg。

(6) 按风速进行验算。

$$0.25S_c < Q_{cj} < 4S_c \tag{7-22}$$

式中 $S_c$——工作面平均断面积，$m^2$。

按二氧化碳涌出量的计算，可参照按瓦斯涌出量的计算方法执行。

(7) 备用工作面亦应满足按瓦斯、二氧化碳、气温等规定计算的风量，且最少不得低于采煤工作面实际需要风量的50%。

$$Q_b \geqslant \frac{1}{2}Q_{cj} \tag{7-23}$$

7.3.1.2 掘进工作面所需风量

单个掘进工作面的需风量利用第一部分计算结果。

掘进工作面所需总风量，应按矿井各个需要独立通风的掘进工作面实际需要风量的总和计算。

7.3.1.3 硐室实际需要风量

硐室实际需要风量应按矿井各个独立通风硐室实际需要风量的总和计算，即：

$$\sum Q_{dj} = Q_{dz} + Q_{dc} + Q_{dd} + Q_{dq} + Q_{dt} \tag{7-24}$$

式中 $Q_{dz}$——爆炸材料库实际需要风量，按每小时4次换气量计算，即 $Q_{dz} = 4V/60 = 0.07V$，$m^3/s$；

$V$——井下爆炸材料库的体积，$m^3$，包括联络巷道在内的爆炸材料库的空间总体积，$m^3$，一般按经验值给定风量，大型爆炸材料库供风量100～150 $m^3/min$，中小型爆炸材料库供风量60～100 $m^3/min$；

$Q_{dc}$——充电硐室实际需要风量，应按回风流中氢气浓度小于0.5%计算，但不得小于100 $m^3/min$，或按经验值给定100～200 $m^3/min$；

$Q_{dd}$——大型机电硐室实际需要风量，应按机电设备运转的发热量计算，即：

$$Q_{dd} = \frac{860W_i(1-\mu_i)}{1.2 \times 0.24 \times 60\Delta t} \tag{7-25}$$

$W_i$——机电硐室中运转的机电设备总功率，kW；

$(1-\mu_i)$——机电硐室的发热系数，应根据实际考查的结果确定，也可取下列数值，空气压缩机房取0.20～0.23，水泵房取0.02～0.04；

860——1 kW·h的热当量数，kcal；

$\mu_i$——机电设备效率；

$\Delta t$——机电硐室进回风流的气温差，℃；

$Q_{dq}$——采区绞车房或变电硐室实际需要风量，按经验供给风量60～80 $m^3/min$；

$Q_{dt}$——其他硐室所需风量，根据具体情况供风。

注：机电硐室需要风量应根据不同硐室内设备的降温要求进行配风，选取硐室风量，须保证机电硐室温度不超过30 ℃，其他硐室温度不超过26 ℃。

7.3.1.4 其他井巷实际需要风量

其他井巷实际需要风量，应按矿井各个其他巷道用风量的总和计算：

$$\sum Q_{qt} = \sum_{i=1}^{n} Q_{qti} \tag{7-26}$$

式中　$Q_{qti}$——各其他井巷需风量，$m^3/s$。

（1）按瓦斯涌出量计算：

$$Q_{qti} = 100 q_{CH_4} K_{qt} \tag{7-27}$$

式中　$Q_{qti}$——第 $i$ 个其他井巷实际用风量，$m^3/s$；

$q_{CH_4}$——第 $i$ 个其他井巷最大瓦斯绝对涌出量，$m^3/s$；

$K_{qt}$——瓦斯涌出不均衡系数，取 1.2～1.3；

100——其他井巷中风流瓦斯浓度不超过 1%所换算的常数。

（2）按其风速验算：

$$Q_{qti} > 9S_{qti} \tag{7-28}$$

（3）架线机车巷中的风速验算：

$$Q_{qti} > 60S_{qti} \tag{7-29}$$

式中　$S_{qti}$——第 $i$ 个其他井巷断面积，$m^2$。

7.3.1.5　*矿井总风量*

矿井总风量按下式计算：

$$Q_{kj} = (\sum Q_{cj} + \sum Q_{jj} + \sum Q_{dj} + \sum Q_{qt}) K_{kt} \tag{7-30}$$

式中　$Q_{kj}$——矿井总进风量，$m^3/s$；

$\sum Q_{cj}$——采煤工作面实际需要风量总和，$m^3/s$；

$\sum Q_{jj}$——掘进工作面实际需要风量总和，$m^3/s$；

$\sum Q_{dj}$——独立通风的硐室实际需要风量总和，$m^3/s$；

$\sum Q_{qt}$——矿井中除采煤、掘进和硐室以外其他井巷需要通风量总和，$m^3/s$；

$K_{kt}$——矿井通风系数（包括矿井内部漏风和配风不均匀等因素），宜取 1.15～1.25。

矿井总风量要根据矿井通风容易时期和通风困难时期的巷道布置分别计算。

### 7.3.2　风量分配与风速验算

当风量分配到各用风地点后，必须结合巷道断面情况进行风速验证，保证各条巷道的风速均在合理范围内。

各条井巷的供风量确定后，要按《煤矿安全规程》规定的风速进行验算。

需绘制出矿井通风系统图与网络图，计算出每条巷道的通过风量，计算出每条巷道的风速，进行验算，验算结果可填入表 7-6。如果某条井巷的风速不符合《煤矿安全规程》规定，则必须进行调整，然后将各地点、各巷道的风量、断面、风速列成一览表。

**表 7-6**　　**巷道风速校验表**

| 巷道名称 | 断面积/$m^2$ | 容易时期 | | 困难时期 | | 允许风速/(m/s) | | 是否满足 |
|---|---|---|---|---|---|---|---|---|
| | | 风量/($m^3$/s) | 风速/(m/s) | 风量/($m^3$/s) | 风速/(m/s) | 最小 | 最大 | |
| | | | | | | | | |
| | | | | | | | | |
| | | | | | | | | |

《煤矿安全规程》规定的风速限定值如表 7-7 所示。

表 7-7　　风速限定值

| 井巷名称 | 最低允许风速/(m/s) | 最高允许风速/(m/s) |
|---|---|---|
| 无提升设备的风井和风硐 | — | 15 |
| 专为升降物料的井筒 | — | 12 |
| 风桥 | — | 10 |
| 升降人员和物料的井筒 | — | 8 |
| 主要进、回风巷道 | — | 8 |
| 架线电机车巷道 | 1.0 | 8 |
| 运输机巷道，采区进、回风巷道 | 0.25 | 6 |
| 采煤工作面，掘进中的煤巷和半煤岩巷 | 0.25 | 4 |
| 掘进中的岩巷 | 0.15 | 4 |
| 其他通风行人巷道 | 0.15 | — |

注：1. 设有梯子间的井筒或修理中的井筒，风速不得超过 8 m/s，梯子间四周经封闭后，井筒中的最高允许风速可按表中有关规定执行。

2. 无瓦斯涌出的架线电机车巷道中的最低风速可低于 1.0 m/s，但不得低于 0.5 m/s。

3. 综合机械化采煤工作面，在采取煤层注水和采煤机喷雾降尘等措施后，其最大风速可高于 4 m/s 的规定值，但不得超过 5 m/s。

4. 专用排瓦斯巷道的风速不得低于 0.5 m/s，抽放瓦斯巷道的风速不应低于 0.5 m/s。

井下各类巷道的适宜风速一般为：阶段运输大巷：4.5～5.0 m/s；轨道上(下)山、运输上(下)山：3.5～4.5 m/s；回风上(下)山：4.5～5.5 m/s；区段运输平巷：3.0～3.5 m/s；区段回风平巷：4.5～5.5 m/s；阶段回风大巷、总回风巷：5.5～6.5 m/s。

## 7.4　矿井通风阻力计算

在主要通风机整个服务期限内，矿井通风总阻力随着开采深度的增加和走向范围的扩大以及产量提高而增加。为了主要通风机于整个服务期限内均能在合理的效率范围内运转，在选择主要通风机时必须考虑到最大可能的总阻力和最小可能的总阻力，前者对应于主要通风机服务期限内通风最困难时期矿井总阻力，后者对应于通风最容易时期的矿井总阻力，同时还考虑到自然风压的作用。

### 7.4.1　计算原则

(1) 在进行矿井通风总阻力计算时，不要计算每一条巷道的通风阻力，只选择其中一条阻力最大的风路进行计算。但必须是选择矿井达到设计产量以后，通风容易时期和通风困难时期的阻力最大风路。一般地，可在两个时期的通风系统图上根据采掘作业布置情况分别找出风流线路最长、风量较大的一条线路作为阻力最大的风路。在选定的线路上(分最容易和最困难时期)，从进风井口到回风井口逐段编号，对各段井巷进行阻力计算，然后累加起来得出这两个时期的各自井巷通风总阻力($h_{me}$,$h_{md}$)。如果通风系统复杂,直观上难以判断哪条风路阻力最大时,则需选择几条风路,通过计算比较选出其中最大值。

如果矿井服务年限较长,则只计算头 15～25 a 的通风容易和困难两个时期的井巷通风总阻力。

(2) 为了经济、合理、安全地使用主要通风机,应控制$h_{md}$不太大,对大型矿井不超过 4 400 Pa,有自燃倾向的矿井不超过 3 400 Pa。

(3) 矿井井巷的局部阻力,新建矿井(包括扩建矿井独立通风的扩建区)宜按井巷摩擦阻力的 10%计算,扩建矿井宜按井巷摩擦阻力的 15%计算。

### 7.4.2　计算方法

沿着上述两个时期通风阻力最大的风路,分别用下式算出各区段井巷的摩擦阻力:

$$h_f = aLUQ^2/S^3 \tag{7-31}$$

式中　$L$,$U$,$S$——分别为各井巷的长度、周长、净断面积(m,m,$m^2$);

$a$——摩擦阻力系数,$(N \cdot s^2)/m^4$,可查阅《矿井通风与安全》(王德明主编)一书的附录;

$Q$——各井巷和硐室所通过的风量分配值,系根据前面所计算的各井巷硐室所需要的实际风量值再乘以 $K$(即考虑井巷的内部漏风和配风不均匀等因素)后所求得风量值,$m^3/s$。

其总和为总摩擦阻力 $\sum h_f$,即:

$$\sum h_f = h_{1-2} + h_{2-3} + \cdots + h_{n-(n+1)} \tag{7-32}$$

式中　$h_{1-2}$,$h_{2-3}$,…,$h_{n-(n+1)}$——各段井巷的摩擦阻力,Pa。

因此,全矿总阻力为:

(1) 通风容易时期的总阻力为:

$$h_{me} = 1.2\sum h_{fe} \tag{7-33}$$

(2) 通风困难时期的总阻力为:

$$h_{md} = 1.15\sum h_{fd} \tag{7-34}$$

式中　1.2,1.15——考虑到风路上有局部阻力的系数;

$h_{me}$,$h_{md}$——矿井通风容易、困难时期的总阻力。

## 7.5　主要通风机选型

### 7.5.1　选择矿井通风设备的要求

(1) 矿井必须装备 2 套同等能力的主要通风机,其中 1 套备用。

(2) 所选通风设备应满足第一开采水平各个时期工况变化,并照顾下一水平的通风需要且使通风设备长期高效率运行。当工况变化较大时,根据矿井分期时间及节能情况,应分期选择通风机,但初装电动机的使用年限不宜少于 10 a。

(3) 通风机能力应有一定的余量,轴流式通风机在最大设计负压和风量时,轮叶运转角度比允许范围小 5°;离心式通风机的选型设计转速不宜大于允许最高转速的 90%。

(4) 进、出风井井口的高差在150 m以上，或进、出风井井口标高相同，但井深400 m以上时，宜计算矿井的自然风压。

(5) 所选电动机应满足通风机在整个启动过程及稳定运行中的力矩要求，如用同步电动机拖动轴流式通风机时，还应校验其牵入转矩。

(6) 为简化供电系统，避免中间变压，当电动机功率较大可以选用高压电动机时，应尽量优先选用高压电动机。

(7) 在通风机的服务年限内，其在矿井最大和最小阻力时期的工况点，均应在合理的工作范围内，使通风机稳定、经济地运转。

(8) 主要通风机必须装有反风装置，必须能在10 min内改变巷道中的风流方向。

装有主要通风机的风井井口，应安装保护通风机的防爆门。防爆门应设计成因事故打开后易于复原，并在通风机反风时不被风流顶开。

### 7.5.2 风机参数及自然风压计算

#### 7.5.2.1 计算通风机风量

由于井口防爆门及主要通风机反风门等处的外部漏风，风机风量 $Q_f$ 应大于矿井风量 $Q_m$，并由下式求出：

$$Q_f = kQ_m \tag{7-35}$$

式中 $Q_f$——主要通风机风量，$m^3/s$；

$Q_m$——矿井需风量，$m^3/s$；

$k$——漏风损失系数，对于抽出式通风，通风井无提升运输任务时取1.05，有提升运输任务时取1.10；对于压入式通风，通风井无提升运输任务时取1.10，有提升运输任务时取1.15。

#### 7.5.2.2 计算自然风压

矿井进、出风井的空气柱的密度差以及高度差和其他自然因素所形成的压力称为自然风压。根据自然风压的定义，可用下式计算：

$$H_n = \int \rho_1 g\mathrm{d}z - \int \rho_2 g\mathrm{d}z \tag{7-36}$$

式中 $z$——矿井最高点至最低水平间的距离，m；

$g$——重力加速度，$m/s^2$；

$\rho_1, \rho_2$——分别为进风井筒和回风井筒的空气密度，$kg/m^3$。

由于空气密度受多种因素影响，与高度 $z$ 呈复杂的函数关系，为了简化计算，一般用进风井筒和回风井筒的空气密度的平均值（参考表7-8）分别代替 $\rho_1, \rho_2$，即：

$$H_n = zg(\rho_{m1} - \rho_{m2}) \tag{7-37}$$

**表7-8　空气平均密度**　$kg/m^3$

| 季节 | 进风井筒 | 出风井筒 |
| --- | --- | --- |
| 冬 | 1.28 | 1.24 |
| 夏 | 1.22 | 1.26 |

冬季自然风压有利于矿井通风，所以通风容易时期自然风压为冬季自然风压；夏季自然

风压阻碍矿井通风，所以通风困难时期自然风压为夏季自然风压。

7.5.2.3 计算通风机风压

通风机全压 $H_d$ 和矿井自然风压 $H_n$ 共同作用克服矿井通风系统的总阻力 $h_m$、通风机附属装置（风硐和扩散器）的阻力 $h_d$ 及扩散器出口动能损失 $h_{vd}$。离心式通风机大多提供全压曲线，而轴流式通风机大多提供静压曲线。通风容易时期自然风压与通风机风压作用相同，通风机有较高的效率，故从通风系统阻力中减去自然风压 $H_n$；通风困难时期自然风压与通风机作用反向，故通风系统阻力需加上自然风压 $H_n$。对于抽出式矿井：

（1）离心式通风机

$$\begin{cases} H_{tdmin} = h_{me} + h_d + h_{vd} - H_n \\ H_{tdmax} = h_{md} + h_d + h_{vd} + H_n \end{cases} \tag{7-38}$$

（2）轴流式通风机

$$\begin{cases} H_{sdmin} = h_{me} + h_d - H_n \\ H_{sdmax} = h_{md} + h_d + H_n \end{cases} \tag{7-39}$$

分别求出通风容易和通风困难两个时期的主要通风机风压。

### 7.5.3 选择主要通风机

通常用主要通风机的个体特性曲线来选择主要通风机。要保证主要通风机在容易时期的工作效率不致太低，又能保证主要通风机在困难时期风压够用且能有足够的风量，同时还要考虑自然风压的影响。

7.5.3.1 初选主要通风机

根据求出的 $Q_f$，$H_d$ 两组数据（分为容易时期和困难时期），在主要通风机个体特性曲线图表上选择合适的主要通风机。

7.5.3.2 求通风机的实际工况点

设计工况点不一定恰好在所选择通风机的特性曲线上，必须根据通风机的工作阻力确定其实际工况点。

（1）计算通风机的工作风阻

利用如下公式求通风机工作风阻：

$$\begin{cases} R_{dmin} = H_{dmin}/Q_{fe}^2 \\ R_{dmax} = H_{dmax}/Q_{fd}^2 \end{cases} \tag{7-40}$$

式中 $R_{dmin}$，$R_{dmax}$——通风机在矿井通风容易时期、困难时期的工作风阻。

（2）确定通风机的实际工况点

在通风机特性曲线图中作通风机工作风阻曲线，与风压曲线的交点即为实际工况点。

对轴流式主要通风机：容易时期应在安装角 $\theta$ 较小的情况工作，困难时期应在安装角 $\theta$ 较大的情况下工作，其效率不低于 0.6。如两组数据所确定的工作点不是刚好落在特性曲线上，应偏大一个调整级差（以 2.5°为一个级差）确定主要通风机特性曲线。

对离心式主要通风机：容易时期应在转数较低的情况下工作，困难时期应在转数较高的情况下工作，其效率亦不低于 0.6。如两组数据所确定的工作点也不是刚好落在特性曲线上，应偏大一个调整转数级差确定主要通风机特性曲线，其工作点可采取增大主要通风机工作风阻的方法（用调节闸门增大阻力）确定。

选定主要通风机后，将两个时期的主要通风机型号、动轮直径、动轮叶片安装角度（指轴流式）、转数、风压、风量、效率、输入功率等数值列出一览表，并绘出所选主要通风机的特性曲线及工作点。

### 7.5.4 选择电动机

(1) 根据通风容易和通风困难两个时期实际工况点计算主要通风机的输入功率。

$$\begin{cases} N_{min} = \dfrac{Q_{fe}{}'H_{dmin}{}'}{1\ 000\eta} \\ N_{max} = \dfrac{Q_{fd}{}'H_{dmax}{}'}{1\ 000\eta} \end{cases} \tag{7-41}$$

式中 $N_{min}$，$N_{max}$——主要通风机在通风容易时期、困难时期的输入功率；

$Q_{fe}{}'$，$H_{dmin}{}'$——主要通风机在通风容易时期的实际工况点；

$Q_{fd}{}'$，$H_{dmax}{}'$——主要通风机在通风困难时期的实际工况点；

$\eta$——风机效率，可在风机特性图上查得。

(2) 由通风容易和通风困难两个时期主要通风机输入功率，计算电动机的输出功率。当选择异步电动机时，可用下列两种方法计算。

① 当主要通风机的输入功率在通风容易时期与困难时期相差不大时，即 $N_{min} \geqslant 0.6N_{max}$时，则两个时期都用一种较大功率的电动机。其电动机的输出功率 $N_o$和输入功率 $N_i$分别用下式计算：

$$\begin{cases} N_o = \dfrac{N_{max}}{\eta_1} \\ N_i = (1.10 \sim 1.15)\ \dfrac{N_o}{\eta_2} \end{cases} \tag{7-42}$$

式中 $N_o$，$N_i$——电动机输出、输入功率，kW；

1.10～1.15——电动机的容量系数，对于离心式主要通风机取 1.15，对于轴流式主要通风机取 1.10；

$\eta_1$——传动效率，直接传动时，$\eta_1 = 1$；

$\eta_2$——电动机效率，一般取 0.9～0.95，或在电动机的技术特征上查得。

② 当主要通风机的输入功率 $N_{min} < 0.6N_{max}$时，则容易时期用功率较小的电动机，在适当时候换用功率较大的电动机。

通风容易时期电动机的输出功率用比例中项式计算：

$$\begin{cases} N_{oe} = \sqrt{N_{min}N_{max}} \\ N_{ie} = (1.10 \sim 1.15)\ \dfrac{N_{oe}}{\eta_2} \end{cases} \tag{7-43}$$

通风困难时期电动机的输出功率用下式计算：

$$\begin{cases} N_{od} = \dfrac{N_{max}}{\eta_1} \\ N_{id} = (1.10 \sim 1.15)\ \dfrac{N_{od}}{\eta_2} \end{cases} \tag{7-44}$$

对于功率在 400～500 kW 以上的主要通风机，宜选用同步电动机，用第一种计算方法计算。根据以上计算所得出的数据，在《电动机技术实用手册》（作者：（日）海老原大树，王益全译)中选用合适的电动机,并将电动机型号、转数、功率等技术特征列出一览表。

## 7.6 特殊灾害的预防措施

### 7.6.1 预防瓦斯和煤尘爆炸的措施

(1) 回采和掘进工作面以及回风巷中,必须按规定定期检查瓦斯,如发现异常,必须按规定处理。

(2) 盲巷、盲硐、片帮及冒顶处等容易积聚瓦斯的地点,必须及时处理。

(3) 掘进应采用双风机、双电源和风电闭锁装置。

(4) 回采与掘进工作面应安设瓦斯自动报警装置。

(5) 大巷及装煤站应安设瓦斯自动报警断电仪,瓦斯超限后应自动切断供电及架线电源。

(6) 所有易产生煤尘的地点,必须采取洒水灭尘等防尘设备及除尘设施。

(7) 井下风速必须严格控制,防止煤尘飞扬。井下所有煤仓和溜煤眼均应保持一定存煤,不得放空,不得兼作通风眼。

(8) 综采工作面应采取煤尘注水。按照《煤矿安全规程》设计悬挂岩粉棚和防水棚。

(9) 煤尘应定期清扫,巷道应定期冲刷,各个装煤站应进行喷雾洒水。

### 7.6.2 预防井下火灾的措施

(1) 井下中央水泵房和中央变电所设置密闭门、防火门,并设区域返风系统。

(2) 井下机电设备以选用防爆型为原则,应加强机电设备的安装质量,并加强维修及管理,防止漏电及短路产生高温和火花。

(3) 对自然发火的煤层,应加强煤炭与坑木的回收;加强密闭,及时密闭采空区;对停采线进行黄泥灌浆或喷洒阻化剂;分层开采还应在采区随采随注。

(4) 二阻化剂防火。

### 7.6.3 防水措施

(1) 井巷出水点的位置及其水量,前采空区积水范围、标高和积水量,都必须绘在采掘工程图上。

(2) 主要水仓必须有主仓和副仓,当一个水仓清理时,另一个水仓能正常使用。

(3) 采掘工作面遇到下列情况之一时,必须确定探水线,进行探水,确认无突水危险后方可前进。

① 接近水淹或可能积水的井巷、老空或小煤矿时;

② 接近水文地质复杂的区域,并有出水征兆时;

③ 接近含水层、导水断层、溶洞和陷落柱时;

④ 打开隔离煤柱放水时;

⑤ 接近有出水可能的钻孔时;

⑥ 接近有水或稀泥的灌泥区时;

⑦ 底板原始导水裂隙有透水危险时;

⑧ 接近其他可能出水地区时。

# 8　毕业设计图纸制图标准

为了采矿制图达到统一，力求图面简洁清晰，符合工程要求，提高采矿设计图纸的编制质量，需要一套采矿制图标准。采矿工程专业学生在毕业设计中应严格按此标准执行。

## 8.1　毕业设计图纸技术标准

按照毕业设计大纲要求，采矿工程专业毕业设计需要独立完成与毕业设计说明书配套的毕业设计图纸(不包括毕业设计说明书中的插图)5张。

(1) 矿井开拓平面图；

(2) 矿井开拓剖面图；

(3) 采(盘)区或带区巷道布置平面图；

(4) 采(盘)区或带区巷道布置剖面图；

(5) 采煤方法图。

毕业设计图纸应满足以下要求：

(1) 正确反映设计的内容和意图；

(2) 设计符合《采矿制图标准》的各项要求；

(3) 图面布置整齐、均匀、清洁、美观；

(4) 线条清楚，尺寸准确，比例标准；

(5) 字体工整。

### 8.1.1　矿井开拓平面图

(1) 比例为1∶5 000或1∶10 000，个别小矿井可采用1∶2 000。

(2) 图中要求有主采煤层底板等高线，煤层露头线，经纬网坐标，指北方向，矿井边界，矿井开拓巷道，工业场地保护煤柱线，矿井开拓剖面图剖面位置，开采水平、采(盘)区或带区边界线，图题栏，井巷标号及名称等。

(3) 用实线表示煤巷，点划线表示岩巷，后期工程量一律用虚线表示煤巷和岩巷。

(4) 如为采(盘)区布置，标出上(下)山开掘位置及车场，可简化处理。

(5) 煤层底板等高线只画主采煤层，且只画一层。

(6) 剖面线必须标明，且需经过主、副井筒，可为折线。

(7) 平面图与剖面图上的巷道标号应统一，并以巷道名称表的形式标明在平面图上。

### 8.1.2　矿井开拓剖面图

(1) 采用的比例原则上同矿井开拓平面图。

(2) 必须形成完整的生产系统，风井应投影到剖面图适当的位置。

(3) 不可缺少井筒保护煤柱边界线。

(4) 如为煤层群开采,应标出煤层序号。

### 8.1.3 采(盘)区或带区巷道布置平面图和剖面图

(1) 比例为 1∶2 000,小型矿井可用 1∶1 000 的比例。

(2) 要按实际采(盘)区或带区的尺寸由开拓图放大,但经纬网坐标的间距仍为 100 mm。

(3) 图中要求有采(盘)区或带区范围内的煤层底板等高线,经纬网坐标,指北方向,采(盘)区或带区边界,地质构造,采(盘)区或带区内主要准备巷道和硐室,正在生产的工作面回采巷道,为接替工作面掘进的巷道,工作面停采线,区段或分带的划分线,与采(盘)区或带区准备巷道相连接的一部分开拓巷道,相应地点配备的采掘及通风设备,采(盘)区或带区生产系统,图题栏,采(盘)区或带区内井巷标号及名称等。

(4) 必须形成完整的采(盘)区或带区生产系统,不能缺少主要硐室及通风构筑物。

(5) 采区上、中、下部车场、盘区车场或带区车场不能简化,尺寸要大致接近实际的图上尺寸。

(6) 采(盘)区或带区的主要设备不仅要按标准图例画出,而且要放置在适当的地点。

(7) 平面图上要标出剖面图所在的剖面位置。

(8) 在平面图上要按比例画出采(盘)区的走向长度、上山间距、煤柱尺寸和倾斜投影长度,在剖面图上要按比例画出采(盘)区的倾斜长度、煤层间距、上山到煤层底板垂距等参数,但不需标出。带区的参数要求参照采(盘)区的参数。

(9) 必须画出接替的工作面正在掘进的巷道。

(10) 如采(盘)区或带区尺寸过大,大于零号图纸很多时,可用断开线省略一部分,经纬网和煤层底板等高线也要相应断开。也可缩小比例画出采(盘)区或带区全貌。

(11) 采(盘)区或带区巷道平面图与剖面图中的巷道标号应统一,并以巷道名称表的形式标明在平面图或剖面图上。

### 8.1.4 采煤方法图

(1) 采煤方法图的比例为 1∶50。

(2) 图中要求有工作面层面图,最大与最小控顶距剖面图,工作面上、下平巷超前支护段的巷道剖面图,正规作业循环图,劳动组织表,主要技术经济指标表,工作面设备标号及名称,图题栏等。

(3) 在工作面布置层面图或相关剖面图上,应标明或明确超前工作面加强支护段距离、支护形式,回采巷道在煤层中的相对位置,人工切口尺寸,最大、最小控顶距,煤层厚度,单体支柱的柱距、排距。如为倾斜长壁工作面,在相关剖面图上还应标出煤层倾角。

(4) 在工作面布置层面图上,回采巷道的宽度应按巷道底板宽度为准绘制。

(5) 应以设备明细表标明工作面的主要设备。

### 8.1.5 图纸的图幅要求

毕业设计图纸的图幅需满足如下规定:

(1) 图纸一般采用 A0 图纸绘制,若井田或采(盘)区或带区尺寸较小时亦可采用 A1 图纸,若不满足井田或采(盘)区或带区尺寸要求时,图纸亦可拼接。

(2) 图纸四周应有图框、四边各留 15～20 cm。

(3) 图的右下角应有规定样式的图题栏,其格式和尺寸如图 8-1 所示。

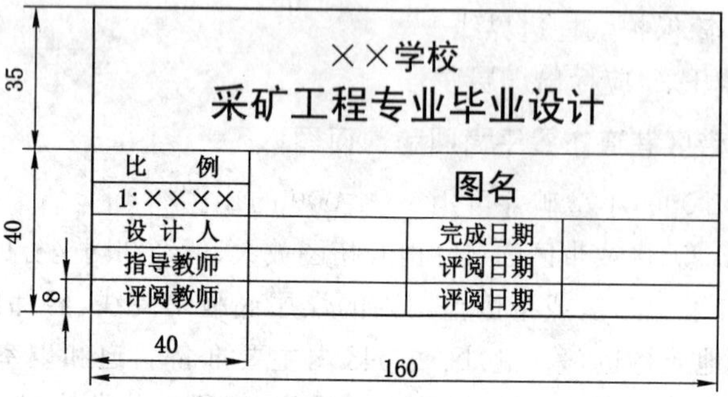


注:图中尺寸是图纸比例为 1∶1 000 时所使用的尺寸,
如果为其他图纸比例,应根据要求进行换算

图 8-1 图题栏尺寸样式及尺寸要求

(4) 各图应以采矿制图标准绘制,制图标准可参考《采矿制图标准》和《煤矿矿井设计手册》上册。

(5) 图中应区分出已掘和待掘巷道,已掘巷道按巷道标准图例绘制,待掘的煤、岩及半煤岩巷均以虚线(双线)示之。

(6) 为保证图纸整洁和清晰,井巷名称在图内用数字标明,在图外用仿宋体工整地标明在适当位置,反映同一井巷名称的数字在平面图和剖面图上应一致,数字和外文字按工程体书写。

## 8.2 图纸幅面

所有设计图纸的幅面均按规定绘制,如图 8-2 和表 8-1 所示。

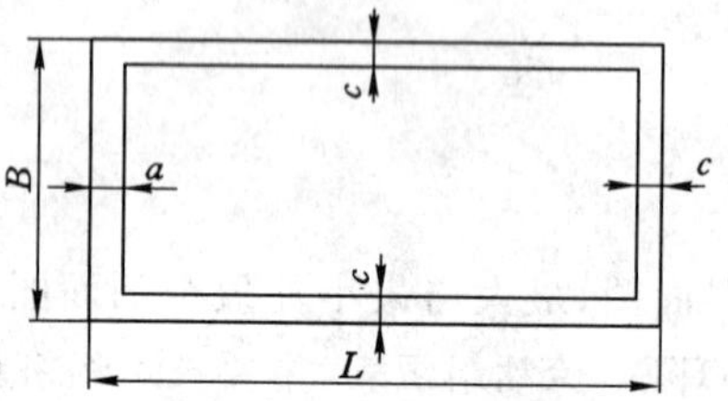


图 8-2 标准工程图

表 8-1 标准工程图幅面

| 幅面代号 | 0 | 1 | 2 | 3 | 4 | 5 |
|---|---|---|---|---|---|---|
| $B\times L$ | 841×1 189 | 594×841 | 420×594 | 297×420 | 210×297 | 148×210 |
| $e$ | 20 | 20 | 10 | 10 | 10 | 10 |
| $c$ | 10 | 10 | 10 | 5 | 5 | 5 |
| $a$ | 25 | 25 | 25 | 25 | 25 | 25 |

注:当图纸不需要装订时,将图 8-2 中 $a$,$c$ 改为 $e$。

必要时可以将表 8-1 中幅面的长边加长(0 号及 1 号幅面允许加长两边),其加长量应按 5 号幅面相应的长边或短边尺寸成整数倍增加,如图 8-3 所示。

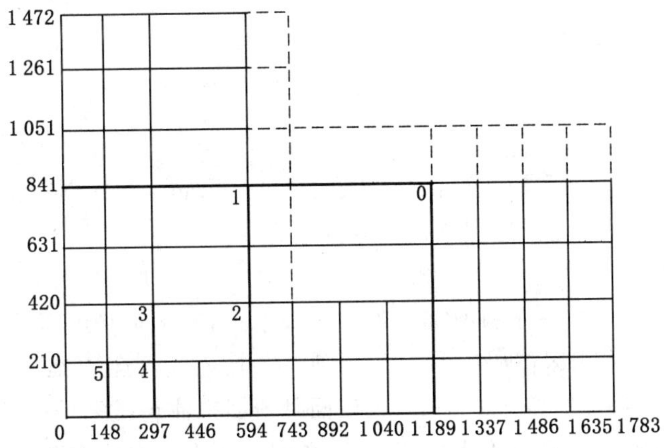


图 8-3　图幅加长

## 8.3 比　　例

（1）制图时所有的比例应根据设计阶段图纸内图形的复杂程度按表 8-2 规定选取。

（2）如制图所需比例比表 8-2 规定还要缩小时，应采用如下方式选取：缩小的比例为 $1:10^n$；$1:2\times10^n$；$1:2.5\times10^n$；$1:5\times10^n$，此处 $n$ 为整数。

（3）一张图纸上采用一种比例绘制图形时，只在图题栏内标注比例，如用两种或两种以上的比例绘制图形时，应分别将比例标注在图形上方，并将主要图形的比例标注在图题栏内。

**表 8-2**　　　　　　　　　　**图纸比例**

| 图　　名 | 常用比例 | 可用比例 |
|---|---|---|
| 矿区井田划分及开发方式图 | 平面　1∶10 000<br>剖面　1∶2 000 | 平面　1∶50 000<br>剖面　1∶5 000 |
| 井田开拓方式图、开拓巷道工程图、采区年进度计划图 | 平面　1∶5 000<br>剖面　1∶2 000 | 平面　1∶10 000，1∶2 000<br>剖面　1∶5 000 |
| 采区布置及机械设备配备图 | 平面　1∶2 000<br>剖面　1∶2 000 | 平面　1∶5 000 |
| 井底车场布置图 | 平面　1∶500<br>断面　1∶50 | 平面　1∶1 000 |
| 保护煤柱图 | 1∶2 000 | |
| 各种井筒 | 1∶20 | 1∶30，1∶50 |
| 各种硐室 | 平面　1∶50，1∶100<br>断面　1∶50<br>剖面　1∶50，1∶100 | 平面　1∶200<br>剖面　1∶200 |
| 采区车场 | 平面　1∶200<br>断面　1∶50<br>剖面　1∶200 | 平面　1∶500，1∶100<br>剖面　1∶100 |
| 各种详图 | 1∶2，1∶5，1∶10 | |

## 8.4 字体及符号

（1）汉字

所有图纸和技术文件中输入的汉字应尽量采用 Windows 中自带的标准汉字体。汉字一般采用仿宋体简体，并应根据图中情况排列整齐。

（2）数字或字符

在设计图纸和技术文件中所有输入的数字或字符，应尽量采用新罗马（Times New Roman）字体，尽量避免采用区位码符号。凡遇到一些输入或打印困难的特殊符号，应先进行试验，必要时需自制特殊的符号。例如，工作面月份回采注记常采用区位码Ⅱ、Ⅴ等字符，但某些类型的打印机或绘图机打不出这些字符，此时可用 line 命令自制Ⅱ、Ⅴ等字符。

计量单位应采用国家正式公布的符号或中文名称。

（3）各种字体的写法

由于计算机绘图时所输入的字体都是标准字体，一般采用正体可满足要求。在某些需要用斜体的地方，如希腊字母、数学公式等可采用斜体。

（4）字体规格

汉字、数字、字符在图中的规格，应根据采矿工程图的比例而定。现将不同比例的采矿工程图中采用的字体规格列于表 8-3。

表 8-3　　字体规格

| 序号 | 名　　称 | 字体规格(Height) | | | |
|---|---|---|---|---|---|
| | | 字体及示例 | 1∶1 000 | 1∶2 000 | 1∶5 000 |
| 1 | 巷道名称、边界、露头等名称注记 | 仿宋:运输大巷 | 5 | 10 | 25 |
| 2 | 巷道数字标注 | 新罗马:7 | 5 | 10 | 25 |
| 3 | 测点编号 | 新罗马:G5 | 2.5 | 5 | 12.5 |
| 4 | 经纬网 | 新罗马:3711500 | 2 | 4 | 10 |
| 5 | 高程、煤厚等数字注记 | 新罗马:－124.62 | 2 | 4 | 10 |
| 6 | 断层名称及产状要素数字注记 | 新罗马:15 号断层 | 3 | 6 | 15 |
| 7 | 工作面名称 | 新罗马:3205 | 8 | 16 | 40 |
| 8 | 工作面回采年度、钻孔编号注记 | 新罗马:1999 | 2.5 | 5 | |
| 9 | 采区名称 | 楷体:南六采区 | 20 | 40 | 100 |
| 10 | 坐标注记 | 新罗马:1999 | 2 | 4 | 10 |
| 11 | 剖面线号 | 新罗马:Ⅰ | 8 | 16 | 40 |
| 12 | 通栏大标题 | 华文彩云:诧城煤矿 | 40 | 80 | 200 |

注：表中所列的数字为字体的高度。

图题栏中字体规格如图 8-4 所示。

巷道标识表中字体规格如图 8-5 所示。

主要设备图例及生产系统表中字体规格与巷道标识表中相同。

注：图中字体高度是图纸比例为 1∶1 000 时所使用的字体高度，如果为其他图纸比例，应根据要求进行换算

图 8-4 图题栏字体规格

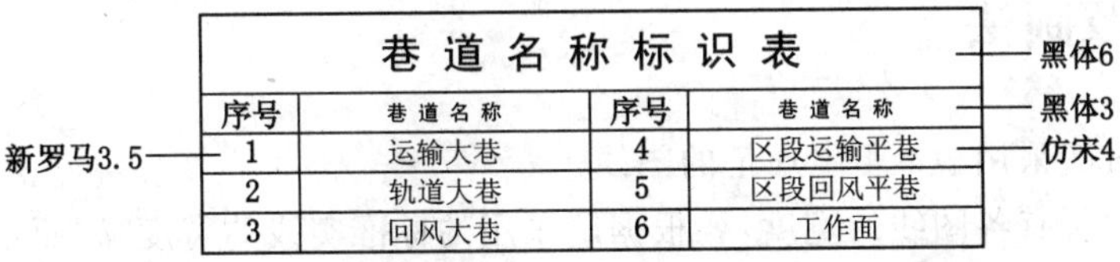


注：图中字体高度是图纸比例为 1∶1 000 时所使用的字体高度，如果为其他图纸比例，应根据要求进行换算

图 8-5 巷道标识表字体规格

## 8.5 字母代号

在图纸上和技术文件中，对常用物理量名称，规定使用下列字母代号：

长度 ……………………………………… $L, l$

宽度 ……………………………………… $B, b$

高度 ……………………………………… $H, h$

厚度 ……………………………………… $M, m$

直径 ……………………………………… $D, d$

半径 ……………………………………… $R, r$

体积 ……………………………………… $V$

面积 ……………………………………… $F$

角度 ……………………………………… $\alpha, \beta, \gamma, \delta, \theta$

重量 ……………………………………… $G, g$

经距 ……………………………………… $Y$

纬距 ……………………………………… $X$

标高 ……………………………………… $Z$

年产量 …………………………………… $A$

重度 ……………………………………… $\gamma$

巷道净断面积 …………………………… $S$

巷道掘进断面积 ………………………… $S_1$

巷道净周长 …………………………………… $P$
巷道壁厚 ……………………………………… $T$
巷道拱厚 ……………………………………… $d_0$
充填厚度 ……………………………………… $\delta$
曲线长 ………………………………………… $K_p$
切线长 ………………………………………… $T$
风量 …………………………………………… $Q$
风速 …………………………………………… $v$
巷道摩擦阻力系数 ………………………… $\alpha$

## 8.6 图线及画法

(1) 绘图时应采用表 8-4 中规定的图线。

(2) 图纸中所有各图线的宽度，要根据所采用的标准实线的宽度"$b$"而定，$b$ 的数值应在 0.4～1.2 mm 的范围内选取(注：如无特殊要求，采矿毕业设计中 $b$ 值一般取 1 mm)。

(3) 图线的宽度要根据图形的大小和复杂程度来选取，在同一图纸上按同一比例绘制图形时，其同类图线的宽度应保持一致。

(4) 剖切线的线段长度，应根据图形的大小来决定，一般在 5～20 mm，特殊的在 5～40 mm 的范围内选取。

(5) 虚线的线段长度，一般为 2～6 mm，线段间的间隔为其长度的 1/2～1/4，同时各线段长度应大致相等，若线加粗，则线段也相应加长。

(6) 点划线和双点划线的线形长度，一般为 20～50 mm，各线段间的间隔为其长度的 1/5～1/7。各类线段长度应大致相等。

注：点划线的点应为短线，其长度大致为 1 mm。

(7) 各类线型的画法：

① 折断线和波浪线一般可用鼠标手工绘制，其他各种线条一律按制图标准绘制。

② 虚线和虚线或者点划线和点划线相交于线段中间，两端应以短线收尾，并应超出物体轮廓界线之外 4～5 mm。

③ 直径小于 12 mm 的圆，其中心线可画成实线。

④ 虚线成为实线的连接线时，应留出一段空隙，但两者呈某一角度相交时，结合处不应留出空隙。

**表 8-4　　图线及画法**

| 序号 | 线形 | 图线宽度 | 图线名称 | 图线使用举例 |
|---|---|---|---|---|
| 1 | —————— | $b$ | 粗实线 | 1. 主要可见轮廓线<br>2. 主要可见过渡线 |
| 2 | —————— | $b/2$ | 较细实线 | 1. 次要可见轮廓线<br>2. 次要可见过渡线 |

**续表 8-4**

| 序号 | 线形 | 图线宽度 | 图线名称 | 图线使用举例 |
|---|---|---|---|---|
| 3 |  | $b/4$ 或更细 | 细实线 | 1. 尺寸线<br>2. 尺寸界线<br>3. 剖面线或断面线<br>4. 引出线<br>5. 范围线 |
| 4 |  | $b/3\sim b/2$ | 波浪线 | 1. 断裂线<br>2. 局部剖面(断面)线或局部放大的边界线 |
| 5 | 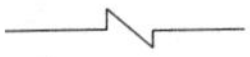 | $b/4$ 或更细 | 折断线 | 长距离的断裂线 |
| 6 |  | $b/3\sim b/2$ | 虚线 | 不可见的轮廓线 |
| 7 |  | $b$ | 剖切线 | 剖面或断面的剖切线 |
| 8 |  | $b/4$ 或更细 | 点划线 | 1. 轴线<br>2. 中心线 |
| 9 |  | $b/4$ 或更细 | 双点划线 | 1. 剖面图中表示被剖切去的部分形状的假想投影轮廓线<br>2. 运动件在极端位置或中间位置的轮廓线<br>3. 不属于本专业的物体位置轮廓线 |

## 8.7　剖面(断面)线的画法

(1) 常用材料剖面(断面)线的画法见表 8-5。

**表 8-5**　　**剖面(或断面)符号**

| 材料名称 | 剖面(断面)符号 | 说　明 | 备 注 |
|---|---|---|---|
| 金属 | 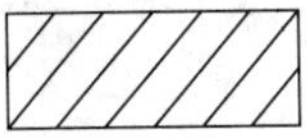 | 剖面(或断面)线间,距离为 1～3 mm 的平行线,倾斜角度为 45°,线条为细实线 | |
| 木材:横断面<br>纵断面 | 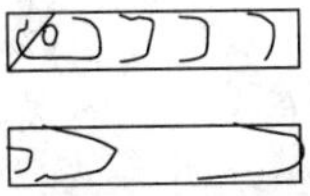 | 徒手画 | |
| 混凝土:<br>砌块　浇筑<br>钢筋混凝土 | 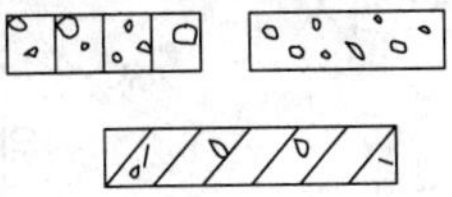 | 点和小圆徒手画,剖面(或断面)线间,距离为 1～3 mm 的平行线,倾斜角度为 45°,线条为细实线 | |
| 料石 | 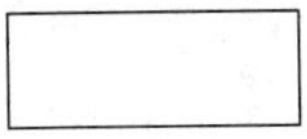 | 空白 | |

**续表 8-5**

| 材料名称 | 剖面(断面)符号 | 说　明 | 备注 |
|---|---|---|---|
| 钢筋混凝土双层井壁 |  | 点和小圆徒手画,剖面(或断面)线间,距离为 1～3 mm 的平行线,倾斜角度为 45°,线条为细实线 | |
| 非金属材料 |  | 剖面(或断面)线间,距离为 1～3 mm 的平行线,倾斜角度为 45°,线条为细实线 | |

注:1. 金属的断面较小时,也可用涂色代替剖面符号;

2. 非金属材料已规定剖面符号者,不按此规定。

(2) 其他未列入的剖面(断面)线的画法可参照有关标准绘制。

(3) 剖面(断面)线间的间距大小,应根据剖面(断面)面积大小及与相邻材料的剖面(断面)线相区别的原则来决定。

(4) 金属的断面较小时,允许在断面上涂色,以代替剖面线。

(5) 沿井筒、巷道、硐室横向剖切的图形按采矿专业习惯称断面。沿井筒、巷道、硐室纵向剖切的图形以及沿井田、采区等剖切的图形,统称为剖面。

## 8.8 尺寸注法

(1) 在图纸上标注尺寸时应按照本标准。

(2) 确定工程的大小,必须根据图中所注的尺寸数字为依据。

(3) 图纸上的尺寸数字,规定以 mm 或 m 为单位(在 1∶500～1∶50 比例的图纸上采用 mm为单位,在 1∶10 000～1∶1 000 比例的图纸上采用 m 为单位),无需写明单位。如不按照上述规定时,则必须在各尺寸数字右边加注所采用计量单位,同时在图纸附注中均应注明单位。

(4) 每个尺寸一般在图纸上标注一次,仅在特殊情况下或实际需要时方可重复标注。

(5) 尺寸数字应尽可能注在图形轮廓线的外边。

(6) 尺寸数字应注在尺寸线的上边或尺寸线的断开处,在一张图纸上尺寸注法必须一致。

(7) 尺寸线的两端一般画出双箭头,以表示尺寸的起讫。

(8) 尺寸界线应超出尺寸线箭头末端约 5 mm。

(9) 尺寸线与轮廓线之间或尺寸线与尺寸线之间的距离,一般为 5～7 mm。

(10) 尺寸数字不可被图纸上任何图线所分开或通过,如不能避免时,可将图线断开。

(11) 尺寸数字应遵守图 8-6 所规定的方向填写,应尽量避免在有斜线的“30°”范围内标注尺寸数字。

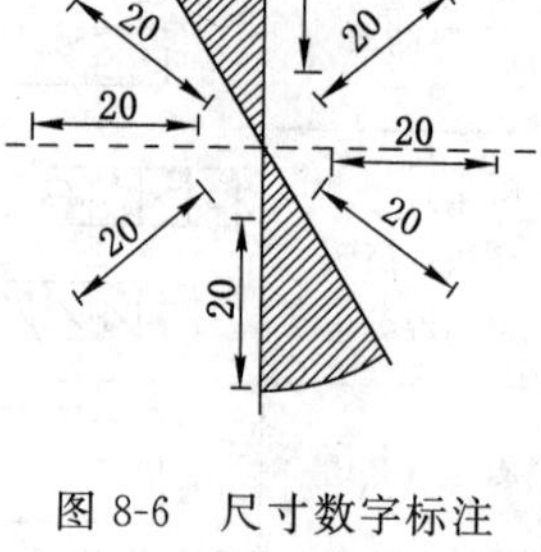


图 8-6　尺寸数字标注

## 8.9　平面直角坐标点的注法

（1）点的坐标表示方法，是在点的右边或在引出线的横线上从上向下分别写出纬距（$X$）、经距（$Y$）及标高（$Z$）的数值及代号，如图 8-7 和图 8-8 所示。

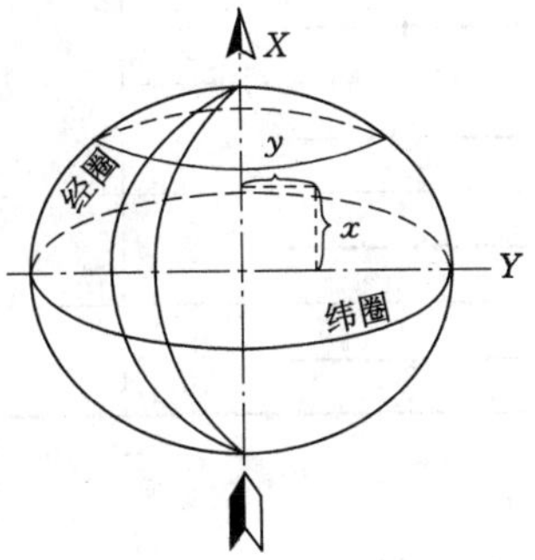


图 8-7　直角坐标

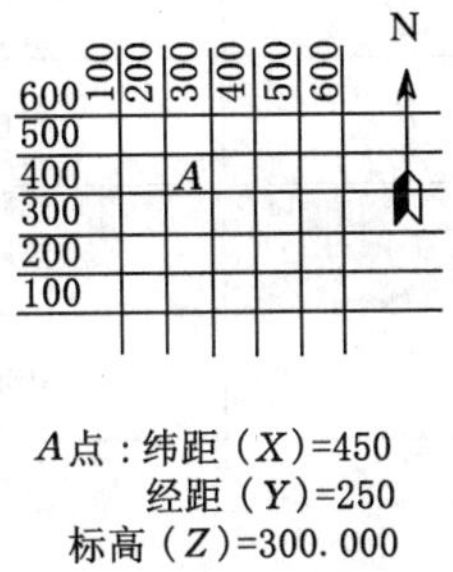


图 8-8　坐标点注法

（2）同一矿井所有水平投影图上的坐标系统必须一致。

（3）经纬线的布置一般应与图纸的图题栏平行，并达到北上、南下、东右、西左的要求。

（4）经纬线应用细实线绘制。

（5）在各种图纸上画有经纬线时其指北针应画在图纸的右上角，箭头为北，北字向上写。

## 8.10　图　　例

（1）在复制地质图时，仍采用原地质图例进行复制；需要在复制图中增添设计内容时应按本标准规定的图例绘制。

（2）为了图纸美观，同一张图纸应采用统一图例绘制。

（3）在采区布置及机械设备配备图中，为了区别移交生产和达到设计产量时两个阶段，除按本标准规定图例绘制图纸外，可在达到设计产量的有关巷道部分涂上颜色，以示区别。

（4）当绘制 1∶500～1∶50 比例的平面图时，对平面图中的巷道，应采用本标准中巷道的图例，然后按设计图纸比例进行绘制。

（5）绘制 1∶5 000～1∶500 比例的剖面图时，对剖面图中的井巷应按剖切情况进行处理，剖切到的井巷，用单实线表示；没有剖切到的井巷，当井巷在剖切线的前面用虚线表示，井巷在剖切线的后面用双点划线表示。

（6）图例的线条粗细以 mm 为单位。

边界线的表示如表 8-6 所示，巷道的表示如表 8-7 所示。

**表 8-6　　　　边界线图例**

| 序　号 | 名　　称 | 图　　例 | |
|---|---|---|---|
| 1 | 勘探边界线 | 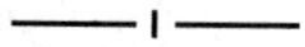 | |
| 2 | 矿区边界线 | 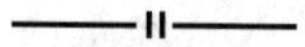 | |
| 3 | 井田境界线 | 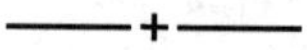 | |
| 4 | 煤柱边界线 | 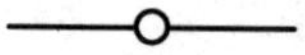 | |
| 5 | 采区边界线 |  | |
| 6 | 可采边界线 |  | |

**表 8-7　　　　巷道图例**

| 序 号 | 名　称 | 图　　例 | 说　明 |
|---|---|---|---|
| 1 | 煤层巷道 | 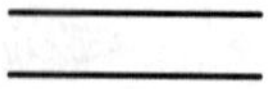 | 轮廓用中粗实线表示 |
| 2 | 岩石平巷 | 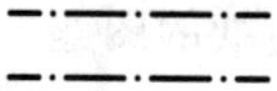 | 轮廓用中粗点划线表示 |
| 3 | 岩石斜巷 |  | 轮廓用中粗虚线表示 |
| 4 | 利用已有巷道 | 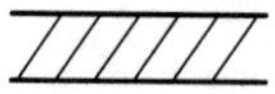 | 轮廓用中粗实线表示，中间用细斜线表示或手工涂色 |
| 5 | 不利用已有巷道 | 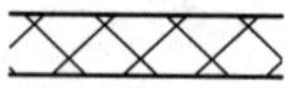 | 轮廓用中粗实线表示，中间用45°十字交叉细线表示 |

注：投影巷道用中粗虚线表示。

采掘运输机械设备、采掘循环图表、通风、地质构造、钻孔及其他图例，可参考《煤炭矿井制图标准》(GB/T 50593—2010)的相关内容。

# 参考文献

[1] 崔云龙.简明建井手册(上册)[M].北京:煤炭工业出版社,2004.
[2] 崔云龙.简明建井手册(下册)[M].北京:煤炭工业出版社,2004.
[3] 东兆星,吴仕良.井巷工程[M].徐州:中国矿业大学出版社,2004.
[4] 杜计平,孟宪锐.采矿学[M].第二版.徐州:中国矿业大学出版社,2014.
[5] 顾文卿.新编煤矿常用机电设备选型设计实用手册[M].徐州:中国矿业大学出版社,2007.
[6] 国家安全生产监督管理总局.煤矿安全规程[M].北京:煤炭工业出版社,2016.
[7] 金朝阳.现代采矿工程设计全书[M].北京:当代中国出版社,2011.
[8] 林在康,李希海.采矿工程专业毕业生设计手册[M].徐州:中国矿业大学出版社,2008.
[9] 刘过兵.采矿设计指导[M].北京:煤炭工业出版社,2004.
[10] 汪理全,郑西贵,祝木伟,等.煤矿矿井设计[M].徐州:中国矿业大学出版社,2008.
[11] 王德明.矿井通风与安全[M].徐州:中国矿业大学出版社,2007.
[12] 徐永圻.煤矿开采学[M].徐州:中国矿业大学出版社,1999.
[13] 张国枢.通风安全学[M].第二版.徐州:中国矿业大学出版社,2011.
[14] 张荣立,何国纬,李铎.采矿工程设计手册(上册)[M].北京:煤炭工业出版社,2003.
[15] 张荣立,何国纬,李铎.采矿工程设计手册(中册)[M].北京:煤炭工业出版社,2003.
[16] 张荣立,何国纬,李铎.采矿工程设计手册(下册)[M].北京:煤炭工业出版社,2003.
[17] 中华人民共和国住房和城乡建设部.GB/T 50593—2010 煤炭矿井制图标准[S].北京:中国计划出版社,2010.
[18] 中国煤炭建设协会.GB 50215—2015 煤炭工业矿井设计规范[S].北京:中国计划出版版出版社,2015.